企业安全生产工作指导丛书

企业安全生产标准化建设指南

本书主编 杨勇

"企业安全生产工作指导丛书"编委会

陈 蕾 张龙连 任彦斌 杨 勇 焦 宇 佟瑞鹏

徐 敏 孙莉莎 唐贵才 马卫国 樊晓华 闫 宁

许 铭 高运增 孙 超

中国劳动社会保障出版社

图书在版编目(CIP)数据

　企业安全生产标准化建设指南/杨勇主编. -- 北京：中国劳动社会保障出版社，
2018

　（企业安全生产工作指导丛书）

　ISBN 978-7-5167-3380-6

Ⅰ.①企… Ⅱ.①杨… Ⅲ.①企业安全-安全生产-标准化-指南 Ⅳ.①X931-65

中国版本图书馆 CIP 数据核字(2018)第 037550 号

中国劳动社会保障出版社出版发行

（北京市惠新东街 1 号　邮政编码：100029）

*

北京鑫海金澳胶印有限公司印刷装订　　新华书店经销

787 毫米×1092 毫米　16 开本　13.5 印张　217 千字

2018 年 2 月第 1 版　　2025 年 1 月第 9 次印刷

定价：34.00 元

营销中心电话：400-606-6496

出版社网址：http://www.class.com.cn

内容简介

　　本书为"企业安全生产工作指导丛书"之一，根据当前我国企业安全生产标准化工作进程和最新法律、法规与技术标准的要求，以标准化和安全生产标准化的基本知识为基础，系统介绍了企业安全生产标准化建设的具体要求和实务性工作的方式方法，并强调了企业在安全生产标准化建设中的主体责任。

　　本书主要内容包括：安全生产标准化建设概述，企业安全生产标准化建设方法，企业安全生产标准化建设规范标准，企业安全生产标准化建设规范要素释义，企业安全生产标准化评审。在有关章节，通过实例介绍了我国行业领域安全生产标准化考核内容和评分标准。

　　本书为企业安全生产工作实务性学习读本，可作为企业主要负责人、安全生产技术与管理人员、其他生产部门相关人员的工作指导用书，也可作为企业职工、在校学生安全生产相关培训用教材，还可作为企业安全生产宣传教育参考用书。

前　言

党的十八大以来，党和国家高度重视安全生产，把安全生产作为民生大事，纳入到全面建成小康社会的重要内容之中。"人命关天，发展决不能以牺牲人的生命为代价。这必须作为一条不可逾越的红线。"习近平总书记多次强调安全生产，对安全生产工作高度重视。2015 年 8 月，习近平总书记对切实做好安全生产工作作出重要指示：各生产单位要强化安全生产第一意识，落实安全生产主体责任，加强安全生产基础能力建设，坚决遏制重特大安全生产事故发生。2016 年 1 月，习近平总书记对全面加强安全生产工作提出明确要求：必须强化依法治理，用法治思维和法治手段解决安全生产问题，加快安全生产相关法律、法规制定修订，加强安全生产监管执法，强化基层监管力量，着力提高安全生产法治化水平。随着我国安全生产事业的不断发展，严守安全底线、严格依法监管、保障人民权益、生命安全至上已成为全社会共识。

在党的十九大报告中，习近平总书记关于安全生产的重要论述，确立了新形势下安全生产的重要地位，揭示了现阶段安全生产的规律特点，体现了对人的尊重、对生命的敬畏，传递了生命至上的价值理念，对于完善我国安全生产理论体系，加快实施安全发展战略，促进安全生产形势根本好转，具有重大的理论和实践意义。近年来，随着历史上第一个以党中央、国务院名义出台的安全生产文件《中共中央　国务院关于推进安全生产领域改革发展的意见》的印发，《中华人民共和国安全生产法》《中华人民共和国职业病防治法》等法律和《危险化学品安全管理条例》等法规的修订，各类安全生产相关管理技术标准的制定、修订，我国的安全生产法制体系和管理技术工作得到了长足的发展与完善。

为了弘扬我国安全生产领域的改革发展成果，宣传近些年安全生产法律、法规和国家标准体系建设的新内容，规范指导企业在安全生产管理与技术工作中的方式、方法，中国劳动社会保障出版社组织中国矿业大学、中国地质大学、首都经贸大学、煤炭科学研究总院、中冶集团、北京排水集团、重庆城市管理职业学院等高等院校、研究院所和国有大型企业的专家学者编写了"企业安全生产工作指导丛书"。本套丛书第一批拟出版的分册包括：《安全生产法律法规文件汇编》《职业病防治法律法规文件汇编》《企业安全生产主体责任》《用人单位职业病防治》《安全生产规章制度编制指南》《企业安全生产标准化建设指南》《生产安全事故隐患排查与治理》《生产安全事故调查与统计分析》《企业职业安全健康管理实务》《生产安全事故应急救援与自救》《企业应急预案编制与实施》《外资企业安全管理工作实务》《班组安全行为规范》《安全生产常用专用术语》，本套丛书的各书种针对当前企业安全生产管理工作中的重点和难点，以最新法律、法规与技术标准为主线，全面分析并提出了实务工作的方式和方法。本套丛书的主要特点，一是针对性强，提炼企业安全生产管理工作中的重点并结合相关法律、法规和技术标准进行解读；二是理论与技术兼顾，注重安全生产管理理论与技术上的融合与创新，使安全生产管理工作有理有据；三是具有很好的指导性，强化了法律、法规和有关理论与技术的实际应用效果，以工作实际为主线，注重方式、方法上的可操作性。

期望本套丛书的出版对指导企业做好新时代安全生产工作有所帮助，使相关人员在安全生产管理工作与技术能力上有所提升。由于时间等因素的影响，本套丛书在编写过程中可能存在一些疏漏，敬请广大读者批评指正。

"企业安全生产工作指导丛书"编委会

2018 年 1 月

目　录

第一章　安全生产标准化建设概述

第二章　企业安全生产标准化建设方法

第五章　企业安全生产标准化评审

第一章　安全生产标准化建设概述

第一节　安全生产标准化相关概念

一、企业标准化

1. 什么是企业标准化

企业标准化是指以企业获得最佳秩序和效益为目的，以企业生产、经营、管理等大量出现的重复性事物和概念为对象，以先进的科学、技术和生产实践经验的综合成果为基础，以制定和组织实施标准体系及相关标准为主要内容的有组织的系统活动。

2. 企业标准化的分类

企业标准一般分为三大类：技术标准、管理标准、工作标准。

（1）技术标准是指对标准化领域中需要协调统一的技术事项所制定的标准。

（2）管理标准是指对企业标准化领域中需要协调统一的管理事项所制定的标准。

在管理标准中，"管理事项"主要指在企业管理活动中，所涉及的经营管理、设计开发与创新管理、质量管理、设备与基础设施管理、人力资源管理、安全管理、职业健康管理、环境管理、信息管理等与技术标准相关联的重复性事物和概念。

（3）工作标准是指对企业标准化领域中需要协调统一的工作事项所制定的标准。

在工作标准中，"工作事项"主要指在执行相应管理标准和技术标准时与工作岗位的职责、岗位人员基本技能、工作内容、要求与方法、检查与考核等有关的重复性事物和概念。

1

建设企业标准化是为了在企业的生产、经营、管理范围内获得最佳秩序，对实际的或潜在的问题制定共同的和重复使用的规则的活动。

这里需要注意的是，在企业标准化的建立与实施过程中，即这一活动中，包括建立和实施企业标准体系，制定、发布企业标准和贯彻实施各级标准的过程。还需要说明的是，实施企业标准化的显著好处是改进产品、过程和服务的适用性，使企业获得更大的成功。

3. 企业开展标准化活动的工作内容

企业开展标准化活动的主要内容是：

（1）建立、完善和实施标准体系。

（2）制定、发布企业标准。

（3）组织实施企业标准体系内的有关国家标准、行业标准和企业标准。

（4）对标准体系的实施进行监督、管理并分析改进。

二、 实施企业标准化的主要作用

20世纪90年代开始，经济发达国家从生产、经营、管理的实践中，认识到标准化对企业来说已经不是一个单纯的技术问题，而成为一个重要的经济战略问题。它不仅与企业的生产经营密切相关，同时还与市场开拓、新产品开发与销售、企业的竞争力、盈利能力和成功率密切相关。要在市场竞争中取胜，获得客户和顾客的广泛认同，就必须是符合规定标准的产品。因此，不仅标准变得越来越重要，同时，企业的标准化也越来越重要，因为企业实施标准化，才能保证企业连续不断地生产出符合标准要求的产品，提供符合要求的服务。

实施企业标准化的作用，主要体现在以下几个方面：

1. 企业标准化是组织生产的重要手段，是科学管理的基础

现代化生产是建立在先进的科学技术和管理方法基础上的。技术要求高、分工细、生产协作广泛，这就需要制定一系列的标准，使之在技术上保持统一协调，使企业的各个生产部门和生产环节有机地联系起来，保证生产有条不紊地进行。企业为了实行科学管理，改变凭行政命令、个人意志进行企业管理的办法，使千百万件日常工作，都有人各负其责地去处理，必须制定生产管理、技术管理、物资和劳动管理等科学管理标准，使管理机构高效化，管理工作制度化，保证步调一致，减少工作中的失误。

使企业领导者能从日常繁忙的事务中解放出来，集中精力抓重大问题的决策和全局性的工作，以保证企业获得最佳秩序和最佳效益。

2. 企业标准化是提高产品质量的保证

产品不合格不准出厂。这个"格"就是产品标准。只有严格按照标准进行生产、检验、包装和储运，产品质量就能得到可靠的保证。有高水平的标准，才能有高质量的产品。标准不是一成不变的，随着生产技术水平的提高，标准要及时进行修订，并要积极采用国际标准，使我国标准同国际标准接轨，保证产品符合国际贸易和交流需要，提高我国产品在国际市场上的竞争能力。

3. 企业标准化是企业质量管理的基础

在标准化发展的进程中，质量管理是较早涉及的一个领域。早在质量管理的萌芽阶段，标准化就渗透到质量管理领域之中。20世纪初期，美国工程师泰勒就是以标准化、计划化和控制化为基础，提出了"科学管理"原理，从而摆脱了单凭管理者个人经验进行的管理，逐步走上了科学管理的道路。

我国引进"全面质量管理"的管理模式始于20世纪70年代末。这种管理模式是由企业全体人员参加，从产品的设计、生产、销售、服务全过程进行质量控制，最终目的是使产品质量达到技术标准要求。企业要进行全面质量管理，就需要实施相应的技术标准和管理标准。管理以标准为依据，将生产过程中的设计、生产、销售、服务等各个环节制定出技术标准和管理标准，即为质量的全过程提供控制依据，使产品质量得到稳定和提高。

目前世界上已有几十个国家开展了质量管理标准化工作，值得注意的是，国际标准化组织（ISO）以及一些国家，都对标准化在质量管理中的应用问题，进行新的研究和探讨，为标准化在更高基础上的普及和发展，为质量管理打下更好的基础，开辟新的前景。

4. 企业标准化是提高企业经济效益的一个重要工具

企业标准化对提高经济效益有着重要作用。通过标准化，可以增加生产批量，使企业采用高效率的专用设备生产，大大提高劳动生产率；通过标准化，使产品品种规格化，零部件通用化，可以大大缩短产品的设计周期；通过标准化，合理地选择和使用材料，简化原材料的供应品种，还可以大大节省原材料消耗，减少物资的采购量和储备量，加速流动资金的周转等。

三、 企业标准体系

1. 企业标准体系的内容

企业标准体系是企业内的标准按其内在联系形成的科学有机整体，是由标准组成的系统。企业标准体系是以技术标准为主体，包括管理标准和工作标准。

标准体系包括现有标准和计划应制定的标准。现有标准体系反映出当前的生产、科技水平，生产社会化、专业化和现代化程度，经济效益，产业和产品结构，经济政策，市场需求，资源条件等。标准体系中也展示出计划应制定标准的发展蓝图。

2. 企业标准体系的特征

企业标准体系具有 5 项基本特征。

（1）目的性。企业标准体系的建立必须有明确的目的，诸如为了发展产品品种、服务项目、提高产品质量或服务质量、提高生产效率、降低资源消耗、确保生产安全和职业健康、保护环境等，或兼而有之。企业标准体系的目标应是具体的和可测量的，即为企业的生产、服务、经营、管理提供全面系统的作业依据和技术基础，从而在实践中可以真实地评价和有效控制其是否达到预期的目的。

（2）集成性。现代标准体系是以相互管理、相互作用的标准的集成为特征。随着生产和服务提供的社会化、规模化程度的不断提高，任何一个单独的标准都难以独立发挥其效能，只有若干相互关联、相互作用的标准综合集成为一个标准体系，才能大大提高标准的综合性和集成性，而系统目标的优化程度以及其实现的可能性又和标准的集成程度和集成作用水平直接相关。企业标准体系的目的性和集成性是相互关联和相互制约的。如为企业实现其总的生产经营方针和目标，加强企业的管理工作必须以技术标准体系为主，包括管理标准体系、工作标准体系的集成。

（3）层次性。企业标准体系是一个典型的复杂系统，由许多单项标准集成，它们的结构关系都要根据各项标准的内在联系，集合而构成有机整体。因此，标准体系是有序而分层次的。如我国的标准体系分为国家标准、行业标准、地方标准、团体标准和企业标准 5 个层次。

企业标准体系的结构层次是由系统中各要素之间的相互关系、作用方式以及系统运动规律等因素决定的，一般是高层次对低一级的结构层次有制约作用，而低层次又是高层次的基础，也可以是低层次的诸单项标准中共同的要求上升为高层次中的单项标准。如技术标准体系中的技术基础标准和管理标准体系中的管理基础标准都对下一层的技术标准和管理标准有约束作用，而且一般是下层技术标准和管理标准的共同项。

（4）动态性。任何一个系统都不可能是静止的、孤立的、封闭的，它总是处于更大的系统环境之内。任何系统总是要与外部存在的大系统环境有关的要素相互作用，进行信息交流，并处于不断的运动之中。如企业标准体系客观存在于企业生产经营的大系统网络之中，始终受到诸如企业的总方针目标所制约，总方针目标的任何变化都直接影响企业标准体系的完善和实施。同时，系统的不断优化要求，也要不断持续淘汰那些不适用的、功能低劣或重复的要素，及时补充新的要素，对那些影响企业标准体系不能满足生产、经营、管理要求的项目采取纠正措施或预防措施，以保证企业标准体系动态地可持续地改进。

（5）阶段性。企业标准体系的动态特性，大大提高了企业标准体系与外界系统环境的适应能力，从而推动了企业标准体系随着科学技术的不断发展和生产经验总结成果的提高而持续改进和发展。但企业标准体系的发展是有阶段性的，因为标准化的效能发挥要求体系必须处于稳定状态，这是标准化的基本特点所决定的。这样的稳态—非稳态再到高一级的稳态促使标准化的进步发展，体现了企业标准体系阶段性发展的特征。但是，也要认识到企业标准体系是一个人为的体系，因此它的阶段性受人为的控制，它的发展阶段可能出现不适应的滞后于客观实际的状态，这就需要及时地通过测量和数据分析，人为地控制企业标准化的过程，通过评审，不断持续地改进企业标准体系。

四、 企业标准化与安全管理

在安全管理中，技术标准是安全法规的技术基础，管理标准是安全管理的系统化措施，工作标准是消除不安全行为的手段。所以标准化是安全管理的基础。

1. 技术标准是安全法规的技术基础

安全生产标准是我国标准化的重点领域之一。由于安全生产问题所涉及的范围很广，而且每个行业和专业又都有各自的特殊性，所以，安全生产标准中既有横跨各专业的共性标准，也有各专业领域特定的安全生产标准，更多的是以安全条款或安全要求的形式存在于有关产品标准和其他标准中（如食品标准、工具标准、设备标准等）。

安全生产标准的种类很多，比较主要的有：

（1）劳动安全卫生标准。它是以创造安全的作业环境，保护劳动者安全健康为目的而制定的标准。如为防止职业危害和职业病而对作业环境质量（如有毒有害物质、粉尘浓度）、作业设备等所制定的标准。

（2）特种危险设备安全标准。除锅炉、高压容器之外，还有高压管道、输送设备（如皮带运输机、登山索道、电梯）、大型游艺机（如过山车）等。

（3）电气安全标准。许多国家还实施了安全性产品质量认证制度，只有经检验符合安全法规或标准的产品，才赋予安全标志，准许进入流通。

（4）公共安全标准。如交通安全、运输安全、金融安全、通信安全、医药安全、国防安全、核安全等。

（5）消费品安全标准。这类产品是人民群众日常生活的必需品，同群众的切身利益直接相关。广大消费者有了标准这个"武器"，既可用以识别产品（如食品标签等），提高安全自卫能力，又可在人身安全、健康受到损害时，据以维护自身的合法权益。

此外还有大量的安全测试方法和测试技术标准、安全基础标准（如采光、照明、人机设计等工效学标准）、安全标志和图形符号标准以及重要工艺（如焊接）和建筑施工安全生产标准都是安全生产标准体系的组成部分。

2. 管理标准是安全管理的系统化措施

我国于 2001 年颁布了 GB/T 28001《职业健康安全管理体系规范》。通过实施这个管理标准，在组织内建立起一个具有自我约束、自我完善并能持续改进的管理体系，使企业找到了对职业安全卫生问题进行规范化控制的方法和系统的管理模式。

3. 工作标准是消除不安全行为的手段

工作标准的对象是人在特定岗位所从事的工作或作业。任何一个组织的生产和服务活动，都是利用一定的设备或设施，通过人的劳动（脑力的和体力的），把原材料加工成产品的活动。这三要素（再加上信息）的有机结合，便是推动社会进步的生产力。

在生产力诸要素中，劳动者是首要的、能动的要素。通过这一活动要素与其他要素结合起来以充分发挥作用。劳动者的状态如何，对三要素的结合程度有直接的影响。在有人参与的过程中，劳动者居于特别重要的地位。就企业管理来说，最重要也是最难管理的要素是人所从事的工作。人的要素与其他要素的区别，除了人是有思想的生命体这一点之外，还因为人的生产作业活动有着与机器设备截然不同的特点。主要是：

（1）个体差别。这是指从事同种工作的人之间在体力、劳动技能、动作速度、注意力、理解力、耐力以及应变能力等方面互有差别，这种差别很大，而设备不然，同类机器设备之间有可能做到各项工况参数相对一致。在生产过程中，机器体系越庞大、越复杂，参与的劳动者越多，人的个体差别对生产系统的影响越大，不安全因素越多。

（2）可变性。这是指作业人员之间不仅互有差别，而且同一个作业人员的作业参数（行走速度、搬运的重量、动作的幅度、作业的效率）以及注意力、反应能力等是可变的，在很大程度上随劳动时间、疲劳程度、工件的熟练程度、对环境的适应程度而发生变化。而机器设备却能做到运转速度始终一致，功率均衡输出，节奏均匀不变。人与机器设备之间的这种差异是一种潜在的危险，许多不安全行为和事故原因都与此有关。

（3）随意性。这是指作业者按自己的意愿和理解操作，尤其是在紧急情况下不按科学方法和科学规则行事，常常是酿成安全生产事故的原因。由于恶性人身伤害事故通常是小概率事件，一次、两次、甚至多次不安全行为都可能未造成伤害，从而助长了侥幸心理、图省事的惰性心理，乃至非理智的逞能行为。在缺乏制度约束的环境下，极易滋生随意性。

（4）可靠性。这是指人的操作动作的准确性、精确性、重复性、稳定性。它受健康状况、疲劳程度、心理状态、有无充分准备、熟练程度、责任感、工作热情以及紧急情况下的敏感、反应及处置能力的影响。这种人的因素的可靠性是可变的，难以预测、难以控制，随机性很大，差异性也很大。

由于人的作业活动有上述的一些特点，同物的因素相比，人的不安全因素是比较难控制的。所以，对人的因素的管理是安全管理的重点，尤其在那些无章可循、管理混乱、随意操作的作业单位（环境）更是如此。在工作现场，人和物是结合的，抓人的管理的同时，对物的管理也包含在其中。

研究和实践都已证明，作业人员对某项作业或操作是否已经形成习惯，其动作的熟练程度和可靠性也大不相同。习惯是怎样形成的呢？一般来说，同一件事按同一程序重复多次，就可能变成习惯。倘若通过分析研究，设计出科学合理的工作流程和作业方法，将其制定为标准，用以约束同一工种的所有作业人员遵照执行，这样不仅可以加速个人习惯的形成，而且是形成群体习惯的有效方法。所以，工作（作业）标准化的过程是形成群体习惯和群体行为准则的过程，是缩小个体差别、提高整体素质的过程。它不仅能有效地消除不必要的、不合理的作业程序、作业方法和作业动作，而且能促使工人克服已形成的不合理的、随意性的操作习惯，防止个体差别和可变因素影响的扩大，增进人的作业的可靠性，从而克服和降低人的因素对安全系统的副作用。

通过标准的贯彻实施，在与安全有关的岗位上，每个操作者都按标准规定的程序、方法和动作重复地操作，这种重复的结果必能使作业者的动作达到熟练并最终形成习惯，人在作业中的随意性和各种不安全行为就不易发生。工作标准化既可控制人的安全因素，又能控制和优化物的安全因素，是实施安全管理，保证生产系统安全、高效运行的基础工作。

五、 安全生产标准化

安全生产标准化是指：通过建立安全生产责任制，制定安全管理制度和操作规程，排查治理隐患和监控重大危险源，建立预防机制，规范生产行为，使各生产环节符合有关安全生产法律、法规和标准规范的要求，人、机、物、环处于良好的生产状态，并持续改进，不断加强企业安全生产规范化建设。

安全生产标准化的这一定义涵盖了企业安全生产工作的全局，是企业开展安全生产工作的基本要求和衡量尺度，也是企业加强安全管理的重要方法和手段。而《标准化法》中的"标准化"，主要是通过制定、实施国家、行业等标准，来规范各种生产行为，以获得最佳生产秩序和社会效益的过程，二者有所不同。

企业安全生产标准化工作就是在企业生产经营和全部活动中，全面贯彻执行国家、地区、行业颁发的各项规程、规章、标准，按标准组织生产经营活动，按标准从事各项管理工作，按标准进行作业和工作，按标准对企业各个环节进行持续改进和自我完善。同时，要依据这些标准，结合企业实际，建立起科学严格的企业内部技术标准、质量标准、工作标准、管理标准、作业标准及其他各项基础管理制度等，使企业的各项活动、每项工作和作业工序、环节、岗位及每个员工的工作都有标准可供遵循，都在标准的指导和约束下进行，从而提高企业的工作质量、产品质量、服务质量，降低成本、提高效率、增加效益，进而增强市场竞争力。

安全生产标准化，是将标准化工作引入和延伸到安全工作中来，它是企业全部标准化工作中最重要的组成部分。其内涵就是企业在生产经营和全部管理过程中，要自觉贯彻执行国家和地区、部门的安全生产法律、法规、规程、规章和标准，并将这些内容细化，依据这些法律、法规、规程、规章和标准制定本企业安全生产方面的规章、制度、规程、标准、办法，并在企业生产经营管理工作的全过程、全方位、全员中、全天候地切实得到贯彻实施，使企业的安全生产工作得到不断加强并持续改进，使企业的本质安全水平不断得到提升，使企业的人、机、环境始终处于和谐和保持在最好的安全状态下运行，进而保证和促进企业在安全的前提下健康快速地发展。

第二节　我国企业安全生产标准化建设

一、 企业安全生产标准化建设历程

2004 年，国家安全生产监督管理局下发了《关于开展安全质量标准化活动的指导意见》（安监管政法字〔2004〕62 号），煤矿、非煤矿山、危险化学品、烟花爆竹、冶金、机械等行业相继展开了安全质量标准化活动。近年，由于国家重视和安全生产工作的进展，通过国家安全生产监督管理总局公告的安全生产标准化一级企业逐年增多，企业标准化建设取得了引人注目的成绩。

我国安全生产标准化工作的开展，大致经历了 3 个阶段

1. 第一阶段——"煤矿质量标准化"

第一阶段是从 1964 年开始。煤炭部首先提出了"煤矿质量标准化"的概念，重点是要抓好煤矿采掘工程质量。20 世纪 80 年代初期，煤炭行业事故持续上升，为此，煤炭部于 1986 年在全国煤矿开展"质量标准化、安全创水平"活动，目的是通过质量标准化促进安全生产。有色、建材、电力、黄金等多个行业也相继开展了质量标准化创建活动，有效提高了企业安全生产水平。

2. 第二阶段——安全质量标准化

第二阶段是从 2003 年 10 月开始。国家煤矿安全监察局和中国煤炭工业协会在黑龙江省七台河市召开了全国煤矿安全质量标准化现场会，提出了新形势下煤矿安全质量标准化的内容。会后出台的《关于在全国煤矿深入开展安全质量标准化活动的指导意见》（煤安监办字〔2003〕96 号），提出了安全质量标准化的概念。

3. 第三阶段——安全生产标准化

20世纪80年代，冶金、机械、采矿等领域率先开展了企业安全生产标准化活动，先后推行了设备设施标准化、作业现场标准化和行为标准化。随着人们对安全生产标准化认识的提高，特别是在20世纪末，职业健康安全管理体系引入我国后，风险管理的方法逐渐被部分企业所接受，从此使安全生产标准化没有停留在包括设备设施维护标准化、作业现场标准化、行为动作标准化方面，也开始了安全生产管理活动的标准化。

第三阶段是从2004年开始。这一年发布的《国务院关于进一步加强安全生产工作的决定》（国发〔2004〕2号），提出了在全国所有的工矿、商贸、交通、建筑施工等企业普遍开展安全质量标准化活动的要求。国家安全生产监督管理局印发了《关于开展安全质量标准化活动的指导意见》，煤矿、非煤矿山、危险化学品、烟花爆竹、冶金、机械等行业、领域均开展了安全质量标准化创建工作。随后，除煤炭行业强调了煤矿安全生产状况与质量管理相结合外，其他多数行业逐步弱化了质量的内容，提出了安全生产标准化的概念。

在此基础上，2005年至今国家安监总局和有关部门先后在非煤矿山、危险化学品、冶金、电力、机械、道路和水上交通运输、建筑、旅游、烟花爆竹等领域修订完善了开展安全标准化工作的标准、规范、评分办法等一系列指导性文件，指导企业开展安全标准化建设的考评工作。

二、 企业安全生产标准化建设的法规基础

1.《中华人民共和国安全生产法》相关规定

2014年8月31日，第十二届全国人民代表大会常务委员会第十次会议通过全国人民代表大会常务委员会关于修改《中华人民共和国安全生产法》的决定，中华人民共和国主席令第13号公布，自2014年12月1日起施行。

修改后的《中华人民共和国安全生产法》（以下简称《安全生产法》）将企业安全生产标准化建设列入其中。第四条明确规定：生产经营单位必须遵守本法和其他有关安全生产的法律、法规，加强安全生产管理，建立、健全安全生产责任制和安全生产规章制度，改善安全生产条件，推进安全生产标准化建设，提高安全生产水平，确保安全生产。

2. 《国务院关于进一步加强企业安全生产工作的通知》相关要求

2010 年 7 月 19 日，国务院下发了《国务院关于进一步加强企业安全生产工作的通知》（国发〔2010〕23 号）明确要求：

（1）全面开展安全达标。深入开展以岗位达标、专业达标和企业达标为内容的安全生产标准化建设，凡在规定时间内未实现达标的企业要依法暂扣其生产许可证、安全生产许可证，责令停产整顿；对整改逾期未达标的，地方政府要依法予以关闭。

（2）强化企业安全生产属地管理。安全生产监管监察部门、负有安全生产监管职责的有关部门和行业管理部门要按职责分工，对当地企业包括中央、省属企业实行严格的安全生产监督检查和管理，组织对企业安全生产状况进行安全标准化分级考核评价，评价结果向社会公开，并向银行业、证券业、保险业、担保业等主管部门通报，作为企业信用评级的重要参考依据。

（3）加快完善安全生产技术标准。各行业管理部门和负有安全生产监管职责的有关部门要根据行业技术进步和产业升级的要求，加快制定修订生产、安全技术标准，制定和实施高危行业从业人员资格标准。对实施许可证管理制度的危险性作业要制定落实专项安全技术作业规程和岗位安全生产和职业卫生操作规程。

（4）严格安全生产准入前置条件。把符合安全生产标准作为高危行业企业准入的前置条件，实行严格的安全标准核准制度。矿山建设项目和用于生产、储存危险物品的建设项目，应当分别按照国家有关规定进行安全条件论证和安全评价，严把安全生产准入关。凡不符合安全生产条件违规建设的，要立即停止建设，情节严重的由本级人民政府或主管部门实施关闭取缔。降低标准造成隐患的，要追究相关人员和负责人的责任。

3. 《国务院办公厅关于印发安全生产"十二五"规划的通知》相关规定

2011 年 10 月 1 日，国务院办公厅下发了《国务院办公厅关于印发安全生产"十二五"规划的通知》（国办发〔2011〕47 号），要求各地区、各部门要把安全生产目标、任务、措施和重点工程等纳入本地区、本行业和领域"十二五"发展规划，抓紧制定具体实施方案和行动计划，做到责任到位、措施到位、投资到位、监管到位。其中，对企业安全生产标准化建设工作要求如下：

（1）推进煤矿企业安全质量标准化和本质安全型矿井建设，推广应用煤矿井下监测监控系统、人员定位系统、紧急避险系统、压风自救系统、供水施救系统和通信联络系统，强化安全班组建设等安全基础管理。

（2）推进烟花爆竹生产工厂化、标准化、机械化、科技化和集约化建设。加强烟花爆竹生产、经营、运输、燃放等各环节安全管理和监督，深化"三超一改"（超范围、超定员、超药量和擅自改变工房用途）等违规生产经营行为专项治理，推进礼花弹等高危产品专项整治，建立烟花爆竹流向管理信息系统。

（3）完善处置电网大面积停电应急体系，提高电力系统应对突发事件能力。加强电力调度监督与管理，加强厂网之间协调配合。扎实开展电力安全生产风险管理和标准化建设，加强新能源发电监督管理，确保电力系统安全稳定运行和电力可靠供应。加强核电运营安全监管，落实安全防范措施。

（4）推进渔船标准化建设，鼓励渔民更新改造老旧渔船，实行渔业船舶、船用产品、专用设备报废制度。

（5）改善安全监管监察执法工作条件。推进安全监管部门和煤矿安全监察机构工作条件标准化建设。推进省级安全监管部门和煤矿安全监察机构安全技术研究、应急救援指挥、调度统计信息、考试考核、危险化学品登记、宣传教育、执法检测等监管监察技术支撑与业务保障机构工作条件标准化建设。

（6）制定实施安全产业发展规划。重点发展检测监控、安全避险、安全防护、灾害监控及应急救援等技术研发和装备制造，将其纳入国家鼓励发展政策支持范围，促进安全生产、防灾减灾、应急救援等专用技术、产品和服务水平提升，推进同类装备通用化、标准化、系列化。

（7）规范企业生产经营行为。全面推动企业安全生产标准化工作，实现岗位达标、专业达标和企业达标。加强企业班组安全建设。

（8）将企业安全生产标准化达标工程作为重点工程之一。开展企业安全生产标准化创建工作。到2011年，煤矿企业全部达到安全标准化三级以上；到2013年，非煤矿山、危险化学品、烟花爆竹行业，以及冶金、有色、建材、机械、轻工、纺织、烟草和商贸8个工贸行业规模以上企业全部达到安全标准化三级以上；到2015年，交通运输、建筑施工等行业（领域）及冶金等8个工贸行业规模以下企业全部实现安全标准化达标。

4.《国务院办公厅关于继续深化"安全生产年"活动的通知》相关要求

2011年3月2日，国务院办公厅下发了《国务院办公厅关于继续深化"安全生产年"活动的通知》（国办发〔2011〕11 号），明确要求：

有序推进企业安全标准化达标升级。在工矿商贸和交通运输企业广泛开展以"企业达标升级"为主要内容的安全生产标准化创建活动，着力推进岗位达标、专业达标和企业达标。组织对企业安全生产状况进行安全标准化分级考核评价，评价结果向社会公开，并向银行业、证券业、保险业、担保业等主管部门通报，作为企业信用评级的重要参考依据。各有关部门要加快制定完善有关标准，分类指导，分步实施，促进企业安全基础不断强化。

5. 《国务院办公厅关于继续深入扎实开展"安全生产年"活动的通知》相关要求

2012 年 2 月 14 日，国务院办公厅下发了《国务院办公厅关于继续深入扎实开展"安全生产年"活动的通知》（国办发〔2012〕14 号），明确要求：

着力推进企业安全生产达标创建。加快制定和完善重点行业领域、重点企业安全生产的标准规范，以工矿商贸和交通运输行业领域为主攻方向，全面推进安全生产标准化达标工程建设。对一级企业要重点抓巩固、二级企业着力抓提升、三级企业督促抓改进，对不达标的企业要限期抓整顿，经整改仍不达标的要责令关闭退出，促进企业安全条件明显改善、管理水平明显提高。

6. 《国务院办公厅关于印发安全生产"十三五"规划的通知》相关规定

2017 年 1 月 12 日，国务院办公厅下发了《国务院办公厅关于印发安全生产"十三五"规划的通知》（国办发〔2017〕3 号），明确要求各级政府全面贯彻党的十八大和十八届三中、四中、五中、六中全会精神，深入学习贯彻习近平总书记系列重要讲话精神，认真落实党中央、国务院决策部署，紧紧围绕统筹推进"五位一体"总体布局和协调推进"四个全面"战略布局，弘扬安全发展理念，遵循安全生产客观规律，主动适应经济发展新常态，科学统筹经济社会发展与安全生产，坚持改革创新、依法监管、源头防范、系统治理，着力完善体制机制，着力健全责任体系，着力加强法治建设，着力强化基础保障，大力提升整体安全生产水平，有效防范遏制各类生产安全事故，为全面建成小康社会创造良好稳定的安全生产环境。

在《安全生产"十三五"规划》中，对企业安全生产标准化建设有明确要求，主要相关内容如下：

（1）严格落实企业安全生产条件，保障安全投入，推动企业安全生产标准化达标升级，实现安全管理、操作行为、设备设施、作业环境标准化。鼓励企业建立与国际接轨的安全管理体系。

（2）推动城市、县城、全国重点镇和经济发达镇制修订城乡消防规划。开展消防队标准化建设，配齐配足灭火和应急救援车辆、器材和消防员个人防护装备。推动乡镇按标准建立专职或志愿消防队，构建覆盖城乡的灭火救援力量体系。开展易燃易爆单位、人员密集场所、高层建筑、大型综合体建筑、大型批发集贸市场、物流仓储等区域火灾隐患治理。推行消防安全标准化管理。

（3）严格渔船初次检验、营运检验和船用产品检验制度。开展渔船设计、修造企业能力评估。推进渔船更新改造和标准化。完善渔船渔港动态监管信息系统，对渔业通信基站进行升级优化。

（4）将职业病危害防治纳入企业安全生产标准化范围，推进职业卫生基础建设。加大职业病危害防治资金投入，加大对重点行业领域小微型企业职业病危害治理的支持和帮扶力度。加快职业病防治新工艺、新技术、新设备、新材料的推广应用。

（5）推动企业安全生产标准化达标升级。推进煤矿安全技术改造；创建煤矿煤层气（瓦斯）高效抽采和梯级利用、粉尘治理，兼并重组煤矿水文地质普查，以及大中型煤矿机械化、自动化、信息化和智能化融合等示范企业；建设智慧矿山。

7. 《关于深入开展企业安全生产标准化建设的指导意见》相关要求

2011年5月3日，国务院安委会下发了《关于深入开展企业安全生产标准化建设的指导意见》（安委〔2011〕4号），对深入开展企业安全生产标准化建设提出了指导意见，并对工作提出了具体要求：

（1）加强领导，落实责任。按照属地管理和"谁主管、谁负责"的原则，企业安全生产标准化建设工作由地方各级人民政府统一领导，明确相关部门负责组织实施。国家有关部门负责指导和推动本行业（领域）企业安全生产标准化建设，制定实施方案和达标细则。企业是安全生产标准化建设工作的责任主体，要坚持高标准、严要求，全面落实安全生产法律、法规和标准规范，加大投入，规范管理，加快实现企业高标准达标。

（2）分类指导，重点推进。对于尚未制定企业安全生产标准化评定标准和考评办法的行业（领域），要抓紧制定；已经制定的，要按照《企业安全生产标准化基本规范》和相关规定进行修改完善，规范已达标企业的等级认定。要针对不同行业（领域）

的特点，加强工作指导，把影响安全生产的重大隐患排查治理、重大危险源监控、安全生产系统改造、产业技术升级、应急能力提升、消防安全保障等作为重点，在达标建设过程中切实做到"六个结合"，即与深入开展执法行动相结合，依法严厉打击各类非法违法生产经营建设行为；与安全专项整治相结合，深化重点行业（领域）隐患排查治理；与推进落实企业安全生产主体责任相结合，强化安全生产基层和基础建设；与促进提高安全生产保障能力相结合，着力提高先进安全技术装备和物联网技术应用等信息化水平；与加强职业安全健康工作相结合，改善从业人员的作业环境和条件；与完善安全生产应急救援体系相结合，加快救援基地和相关专业队伍标准化建设，切实提高实战救援能力。

（3）严抓整改，规范管理。严格安全生产行政许可制度，促进隐患整改。对达标的企业，要深入分析二级与一级、三级与二级之间的差距，找准薄弱点，完善工作措施，推进达标升级；对未达标的企业，要盯住抓紧，督促加强整改，限期达标。通过安全生产标准化建设，实现"四个一批"：对在规定期限内仍达不到最低标准、不具备安全生产条件、不符合国家产业政策、破坏环境、浪费资源，以及发生各类非法违法生产经营建设行为的企业，要依法关闭取缔一批；对在规定时间内未实现达标的，要依法暂扣其生产许可证、安全生产许可证，责令停产整顿一批；对具备基本达标条件，但安全技术装备相对落后的，要促进达标升级，改造提升一批；对在本行业（领域）具有示范带动作用的企业，要加大支持力度，巩固发展一批。

（4）创新机制，注重实效。各地区、各有关部门要加强协调联动，建立推进安全生产标准化建设工作机制，及时发现解决建设过程中出现的突出矛盾和问题，对重大问题要组织相关部门开展联合执法，切实把安全生产标准化建设工作作为促进落实和完善安全生产法规规章、推广应用先进技术装备、强化先进安全理念、提高企业安全管理水平的重要途径，作为落实安全生产企业主体责任、部门监管责任、属地管理责任的重要手段，作为调整产业结构、加快转变经济发展方式的重要方式，扎实推进。要把安全生产标准化建设纳入安全生产"十二五"规划及有关行业（领域）发展规划。要积极研究采取相关激励政策措施，将达标结果向银行、证券、保险、担保等主管部门通报，作为企业绩效考核、信用评级、投融资和评先推优等的重要参考依据，促进提高达标建设的质量和水平。

（5）严格监督，加强宣传。各地区、各有关部门要分行业（领域）、分阶段组织实施，加强对安全生产标准化建设工作的督促检查，严格对有关评审和咨询单位进行规范管理。要深入基层、企业，加强对重点地区和重点企业的专题服务指导。加强安全专题教育，提高企业安全管理人员和从业人员的技能素质。充分利用各类舆论媒体，积极宣传安全生产标准化建设的重要意义和具体标准要求，营造安全生产标准化建设的浓厚社会氛围。国务院安委会办公室以及各地区、各有关部门要建立公告制度，定期发布安全生产标准化建设进展情况和达标企业、关闭取缔企业名单；及时总结推广有关地区、有关部门和企业的经验做法，培育典型，示范引导，推进安全生产标准化建设工作广泛深入、扎实有效开展。

8.《关于进一步加强企业安全生产规范化建设 严格落实企业安全生产主体责任的指导意见》相关要求

2010 年 8 月 20 日，国家安全生产监督管理总局发布了《关于进一步加强企业安全生产规范化建设 严格落实企业安全生产主体责任的指导意见》（安监总办〔2010〕139 号），其中对企业安全生产标准化提出了进一步的要求。

深入贯彻落实科学发展观，坚持安全发展理念，指导督促企业完善安全生产责任体系，建立、健全安全生产管理制度，加大安全基础投入，加强教育培训，推进企业全员、全过程、全方位安全管理，全面实施安全生产标准化，夯实安全生产基层基础工作，提升安全生产管理工作的规范化、科学化水平，有效遏制重特大事故发生，为实现安全生产提供基础保障。

提高企业安全生产标准化水平。企业要严格执行安全生产法律、法规和行业规程标准，按照《企业安全生产标准化基本规范》的要求，加大安全生产标准化建设投入，积极组织开展岗位达标、专业达标和企业达标的建设活动，并持续巩固达标成果，实现全面达标、本质达标和动态达标。

9.《国家安全生产监督管理总局等部门关于全面推进全国工贸行业企业安全生产标准化建设的意见》相关规定

2013 年 1 月 29 日，国家安全生产监督管理总局、工业和信息化部、人力资源和社会保障部、国务院国资委、国家工商总局、国家质检总局和银监会联合发布了《国家安全生产监督管理总局等部门关于全面推进全国工贸行业企业安全生产标准化建设的意见》（安监总管四〔2013〕8 号），主要推进措施如下：

（1）加强领导，强化服务。各有关部门要把工贸行业企业安全生产标准化建设作为实施安全生产分类指导、分级监管的重要依据和创新监管模式、提升监管水平、实施安全发展战略的重要抓手,在各级政府的统一领导下,协调联动,齐抓共管,形成合力,结合实际制定有力的政策措施,大力推进企业安全生产标准化建设。要组织力量深入基层,深入企业,加强对企业安全生产标准化建设工作的服务和指导。

(2)明确责任,全力推进。一是坚持政府推动、企业为主,落实安全生产企业主体责任、部门监管责任和属地管理责任。二是充分发挥基层首创作用,实行重心下移、权力下放,调动各方积极性。三是抓好示范企业创建工作,发挥先进典型的引领作用。四是把企业安全生产标准化建设列入各级各有关部门考核内容。五是要把企业安全生产标准化达标作为相关安全生产许可的前置条件。

(3)加强执法检查。加快安全生产标准化立法工作,实现依法行政。实行分类分级管理,及时向各有关部门、单位通报企业安全生产标准化达标水平情况,向社会公开企业安全生产标准化达标水平信息。加强联合执法,强化对未开展安全生产标准化建设或未达到安全生产标准化规定等级的工贸行业企业的监管。在企业年检中严格审查企业提交的涉及安全生产的前置许可文件,发现因不具备基本安全生产条件被吊销相关前置许可文件的,责令其办理变更登记、注销登记,直至依法吊销营业执照。

(4)淘汰落后产能,促进产业结构调整。将工贸行业企业安全生产标准化建设与促进产业结构调整和企业技术改造、淘汰落后产能相结合,鼓励企业通过技术改造淘汰安全水平低等落后工艺技术装备,开展安全科技课题攻关,推广应用先进适用的安全科技成果,不断提高企业本质安全水平。

(5)发挥国有企业排头兵作用。国有企业尤其是中央企业在安全生产标准化建设中要落实安全生产主体责任,发挥排头兵的示范引领作用,勇于创新,先行先试,为企业安全生产标准化建设积累经验,建立经验推广学习机制,鼓励有条件的企业开展集团整体达标。

(6)加强工伤保险和安全生产责任保险对企业安全生产标准化建设的支持。经核准公告达到国家规定等级的安全生产标准化企业,符合工伤保险费率下浮条件的,按规定下浮其工伤保险费率,对其缴纳的安全生产责任保险按有关政策规定给予支持。

(7)加大信贷支持力度。将企业达标水平作为信贷信用等级评定的重要依据之一。支持鼓励金融信贷机构向符合条件的安全生产标准化达标企业优先提供信贷服务。对未按国家有关规定开展安全生产标准化建设或达不到最低达标等级要求的企业,要从严管理，严格控制贷款。对不具备基本安全生产条件的企业，不予贷款。

（8）加大评先创优支持力度。安全生产标准化达标企业申报国家和地方质量奖励、优秀品牌等资格和荣誉的，予以优先支持或推荐。对符合评选推荐条件的安全生产标准化达标企业，优先推荐其参加各地区、各行业及领域的先进单位（集体）等评选。对未开展安全生产标准化建设和达不到安全生产标准化达标要求的企业，不予受理其申报国家和地方质量奖励、优秀品牌等资格和荣誉。

10.《企业安全生产标准化基本规范》发布

2010 年 4 月 15 日，国家安全生产监督管理总局 2010 年第 9 号公告发布了安全生产行业标准《企业安全生产标准化基本规范》（AQ/T9006—2010），自 2010 年 6 月 1 日起实施。

《企业安全生产标准化基本规范》（AQ/T9006—2010）以安全生产行业标准的形式，对各行业已经开展的安全生产标准化工作，在形式要求、基本内容、考评办法等方面作出了相对一致的规定，以进一步规范各项工作的开展。同时，《安全生产标准化基本规范》为调动企业开展安全生产标准化工作的积极性和主动性，结合企业安全生产工作的共性特点，制定出了可操作性较强的安全生产工作规范，并以行业标准的形式予以发布。

2017 年 4 月 1 日，新版《企业安全生产标准化基本规范》（GB/T 33000—2016，以下简称《基本规范》）正式实施。该标准以国家标准的形式由国家安全生产监督管理总局提出，全国安全生产标准化技术委员会归口，中国安全生产协会负责起草。该标准实施后，《企业安全生产标准化基本规范》（AQ/T 9006—2010）废止。

第三节　企业安全生产标准化建设的目标和重要意义

一、 企业安全生产标准化建设的目标

开展安全生产标准化活动，就是要引导和促进企业在全面贯彻落实现行的国家、地区、行业安全生产法律、法规、规程、规章和标准的同时，修订原有的相关标准、

完善原有的相关标准、建立全新的安全生产标准，形成较为完整的安全生产标准体系。

在此基础上，认真贯彻安全生产标准，执行安全生产标准，落实安全生产标准和其他各项规章制度，把企业的安全生产工作全部纳入安全生产标准化的轨道，让企业的每个员工从事的每项工作都按安全生产标准和制度办事，从而促进企业工作规范、管理规范、操作规范、行为规范、技术规范，全面改进和加强企业内部的安全管理，全面开展对标达标活动，在全面按标准办事，加强安全基础管理，落实责任、落实任务、落实措施，提高安全工作质量、安全管理质量的同时，尽快淘汰危及安全的落后技术、工艺和装备，广泛采用新技术、新设备、新材料、新工艺，提高安全装备和设施质量，不断改善安全生产条件，提高企业本质安全程度和水平，进而达到消除隐患，控制好危险源，消灭事故的目的。

根据国务院安委会《关于深入开展企业安全生产标准化建设的指导意见》，我国企业安全生产标准化的总体要求和目标任务是：

1. 总体要求

深入贯彻落实科学发展观，坚持"安全第一、预防为主、综合治理"的方针，牢固树立以人为本、安全发展理念，全面落实《国务院关于进一步加强企业安全生产工作的通知》和《国务院办公厅关于继续深化"安全生产年"活动的通知》精神，按照《企业安全生产标准化基本规范》和相关规定，制定完善安全生产标准和制度规范。严格落实企业安全生产责任制，加强安全科学管理，实现企业安全管理的规范化。加强安全教育培训，强化安全意识、技术操作和防范技能，杜绝"三违"。加大安全投入，提高专业技术装备水平，深化隐患排查治理，改进现场作业条件。通过安全生产标准化建设，实现岗位达标、专业达标和企业达标，各行业（领域）企业的安全生产水平明显提高，安全管理和事故防范能力明显增强。

2. 目标任务

在工矿商贸和交通运输行业（领域）深入开展安全生产标准化建设，重点突出煤矿、非煤矿山、交通运输、建筑施工、危险化学品、烟花爆竹、民用爆炸物品、冶金等行业（领域），并要求按照时间阶段性完成各项任务。要建立健全各行业（领域）企业安全生产标准化评定标准和考评体系；进一步加强企业安全生产规范化管理，推进全员、全方位、全过程安全管理；加强安全生产科技装备，提高安全保障能力；严格把关，分行业（领域）开展达标考评验收；不断完善工作机制，将安全生产标准化建设纳入企业生产经营全过程，促进安全生产标准化建设的动态化、规范化和制度化，有效提高企业本质安全水平。

二、 企业安全生产标准化建设的重要意义

目前，我国进入以重工业快速发展为特征的工业化中期，工业高速增长，加剧了煤、电、油、运等紧张的状况，加大了事故风险，处于事故易发期，安全生产工作的压力很大。如何采取适合我国经济发展现状和企业实际的安全监管方法和手段，使企业安全生产状况得以有效控制并稳定好转，是当前安全生产工作的重要内容之一。安全生产标准化体现了"安全第一、预防为主、综合治理"的方针，代表了现代安全管理的发展方向，是先进安全管理思想与我国传统安全管理方法、企业具体实际的有机结合。开展安全生产标准化活动，将能进一步落实企业安全生产主体责任，改善安全生产条件，提高管理水平，预防事故，对保障生命财产安全有着重大意义。

实施安全生产标准化的重要意义，主要体现在以下几个方面：

1. 是落实安全生产主体责任的基本手段

各行业安全生产标准化考评标准，无论从管理要素，还是设备设施要求、现场条件等，均体现了法律、法规、标准规程的具体要求，以管理标准化、操作标准化、现场标准化为核心，制定符合自身特点的各岗位、工种的安全生产规章制度和操作规程，形成安全管理有章可循、有据可依、照章办事的良好局面，规范和提高从业人员的安全操作技能。通过建立健全企业主要负责人、管理人员、从业人员的安全生产责任制，将安全生产责任从企业法人落实到每个从业人员、操作岗位，强调了全员参与的重要意义，进行全员、全过程、全方位的梳理工作，全面细致地查找各种事故隐患和问题，以及与考评标准规定不符合的地方，制订切实可行的整改计划，落实各项整改措施，从而将安全生产的主体责任落实到位，促使企业安全生产状况持续好转。

2. 是建立安全生产长效机制的有效途径

开展安全生产标准化活动重在基础、重在基层、重在落实、重在治本。安全生产标准化要求企业各个工作部门、生产岗位、作业环节的安全管理、规章制度和各种设备设施、作业环境，必须符合法律、法规、标准规程等要求，是一项系统、全面、基础和长期的工作，克服了工作的随意性、临时性和阶段性，做到用法规抓安全，用制度保安全，实现企业安全生产工作规范化、科学化。同时，安全生产标准化比传统的

质量标准化具有更先进的理念和方法，比国外引进的职业健康安全管理体系有更具体的实际内容，是现代安全管理思想和科学方法的中国化，有利于形成和促进企业安全文化建设，促进安全管理水平的不断提升。

3. 是提高安全生产监管水平的有力抓手

开展安全生产标准化工作，对于实行安全许可的矿山、危化品、烟花爆竹等行业，可以全面满足安全许可制度的要求，保证安全许可制度的有效实施，最终能够达到强化源头管理的目的；对于冶金、有色、机械等无行政许可的行业，完善了监管手段，在一定程度上解决了监管缺乏手段的问题，提高了监管力度和监管水平。同时，实施安全生产标准化建设考评，将企业划分为不同等级，能够客观真实地反映出各地区企业安全生产状况和不同安全生产水平的企业数量，为加强安全监管提供有效的基础数据，为政府实施安全生产分类指导、分级监管提供重要依据。

4. 是防范降低生产安全事故发生的有效办法

我国是世界制造大国，行业门类全、企业多，企业规模、装备水平、管理能力差异很大，特别是中小型企业的安全生产管理基础薄弱，生产工艺和装备水平较低，作业环境相对较差，事故隐患较多，伤亡事故时有发生。安全生产事故多发的原因之一就是安全生产责任不到位，基础工作薄弱，管理混乱，"三违"现象不断发生。安全生产标准化是以隐患排查治理为基础，强调任何事故都是可以预防的理念，将传统的事后处理，转变为事前预防。开展安全生产标准化工作，就是要求企业加强安全生产基础工作，建立严密、完整、有序的安全管理体系和规章制度，完善安全生产技术规范，使安全生产工作经常化、规范化和标准化。要求企业建立健全岗位标准，严格执行岗位标准，杜绝违章指挥、违章作业和违反劳动纪律现象，切实保障广大人民群众生命财产安全。

三、 企业安全生产标准化建设的法律责任

《国务院关于进一步加强企业安全生产工作的通知》国发〔2010〕23号要求：凡在规定时间内未实现达标的企业要依法暂扣其生产许可证、安全生产许可证，责令停产整顿；对整改逾期未达标的，地方政府要依法予以关闭；安全标准化分级考核评价结果向社会公开，并向银行业、证券业、保险业、担保业等主管部门通报，作为企业信用评级的重要参考依据。

国务院安委会《关于深入开展企业安全生产标准化建设的指导意见》安委〔2011〕4 号要求：对在规定期限内仍达不到最低标准、不具备安全生产条件、不符合国家产业政策、破坏环境、浪费资源，以及发生各类非法违法生产经营建设行为的企业，要依法关闭取缔一批；对在规定时间内未实现达标的，要依法暂扣其生产许可证、安全生产许可证，责令停产整顿一批；对具备基本达标条件，但安全技术装备相对落后的，要促进达标升级，改造提升一批；对在本行业（领域）具有示范带动作用的企业，要加大支持力度，巩固发展一批。企业安全生产标准化达标结果向银行、证券、保险、担保等主管部门通报，作为企业绩效考核、信用评级、投融资和评先推优等的重要参考依据，促进提高达标建设的质量和水平。

煤矿、非煤矿山、交通运输、建筑施工、危险化学品、烟花爆竹、民用爆炸物品、冶金等行业（领域）分别对安全标准化建设工作提出了具体要求，如非煤矿山行业，国务院安委会办公室《关于贯彻落实〈国务院关于进一步加强企业安全生产工作的通知〉精神进一步加强非煤矿山安全生产工作的实施意见》（安委办〔2010〕17 号）要求在规定时间内未达到安全标准化最低等级的，要依法吊销其安全生产许可证，提请县级以上地方政府依法予以关闭。2011 年 1 月 1 日以后换发安全生产许可证的，必须达到安全标准化最低等级，否则不予办理延期换证手续。

目前，我国各级安全生产监督管理部门高度重视，突出重点，稳步推进，摸索出了一些行之有效的经验和办法。主要有：

（1）企业在安全生产许可证有效期届满时取得安全生产标准化证书，办理延期手续时可以不提交安全现状评价报告。

（2）在实施安全生产责任保险中，保险费率有所降低。（参保单位通过三级安全生产标准化验收的，保险费率在基准费率的基础上降低 5％；通过二级安全生产标准化验收的，保险费率在基准费率的基础上降低 10％；通过一级安全生产标准化验收的，保险费率在基准费率的基础上降低 15％。）

（3）在安全生产评优、奖励、政策扶持等方面优先考虑。

（4）把安全生产标准化创建活动，作为对各地政府安全生产目标考核、责任制考核的一项重要内容等。

第二章　企业安全生产标准化建设方法

第一节　企业安全生产标准化工作原则

一、 推进安全生产标准化工作的重点

安全生产标准化工作是由国务院总体部署，国家安全生产监督管理总局指导推动的一项重要工作。《国务院关于进一步加强安全生产工作的决定》对安全生产标准工作作出了总体部署，要求"制定和颁布重点行业、领域安全生产技术规范和安全生产质量工作标准。企业生产流程各环节、各岗位要建立严格的安全生产质量责任制。生产经营活动和行为，必须符合安全生产有关法律、法规和安全生产技术规范的要求，做到规范化和标准化"。

为推进安全生产标准化工作，2004 年，国家安全生产监督管理局印发了《关于开展安全质量标准化活动的指导意见》，还组织召开了各省级安全生产监督管理部门和中央企业安全管理部门参加的安全生产标准化宣贯会议，并多次在创建、运行安全生产标准化成效显著的企业召开安全生产标准化工作现场会，介绍地方安全生产监督管理部门推动及企业创建安全生产标准化的经验，用事实、成果和经验推动安全生产标准化工作。如 2004 年在中铝河南分公司召开了非煤矿山和相关行业安全生产标准化现场会，2009 年在武汉钢铁（集团）公司召开了冶金、机械等行业安全生产标准化现场会。

"十二五"期间，企业安全生产标准化建设取得了长足的进步，在煤炭、非煤矿

山、烟花爆竹、危险化学品等行业领域的企业安全生产标准化建设已经达到了预期的目标，在"十三五"期间将更加深入推进。值得一提的是，"十二五"期间，工贸行业领域的企业安全生产标准化建设取得了显著的成绩。

2013年1月29日，国家安全生产监督管理总局、工业和信息化部、人力资源和社会保障部、国务院国资委、国家工商总局、国家质检总局和银监会联合发布了《国家安全生产监督管理总局等部门关于全面推进全国工贸行业企业安全生产标准化建设的意见》，在此之后，工贸行业的冶金、有色金属、建材、机械和烟草等轻工业企业的标准化建设与达标工作进展顺利，陆续建成了各类相关专业的安全行业标准，"十三五"期间可望得以更加完善。

我国政府相关部门在推进企业安全标准化工作中的内容和方法主要体现在以下两个方面：

1. 针对行业特点，加强制度建设

国家安全生产监督管理总局组织力量，制定了煤矿、金属非金属矿山、危险化学品、烟花爆竹、冶金、机械等行业的考核标准和考评办法，初步形成了覆盖主要行业的安全生产标准化考核标准和评分办法。煤矿考核评级办法分为采煤、掘进、机电、运输、通风、地测防治水6个专业，同时要求满足矿井百万吨死亡率、采掘关系、资源利用、风量及制定并执行安全质量标准化检查评比及奖惩制度等方面的规定；金属非金属矿山通过国际合作，借鉴南非的经验，围绕建设安全生产标准化的8个核心要素制定了金属非金属地下矿山、露天矿山、尾矿库、小型露天采石场安全生产标准化评分办法；危险化学品采用了计划（P）、实施（D）、检查（C）、改进（A）动态循环、持续改进的管理模式；烟花爆竹分为生产企业和经营企业两部分，制定了考核标准和评分办法；冶金行业制定了炼铁、炼钢单元的考评标准，并正在起草烧结、焦化、轧钢等主要工艺单元的考评标准；机械制造企业分为基础管理考评、设备设施安全考评、作业环境与职业健康考评。有色、水泥、烟草等行业的考评标准也逐步完善。

2. 摸索经验，积极推动

为提高企业开展安全生产标准化工作的积极性，各地在推进安全生产标准化过程中，摸索出了一些行之有效的经验和办法。部分地区出台了有利于推动安全生产标准化发展的奖惩规定，如取得安全生产标准化证书的企业在安全生产许可证有效期届满时，可以不再进行安全评价，直接办理延期手续；在安全生产责任保险中，其存保额

可按下限缴纳；在安全生产评优、奖励、政策扶持等方面优先考虑。

二、 国家对安全生产标准化建设工作的部署

2016 年 12 月 18 日，中国政府网公布《中共中央　国务院关于推进安全生产领域改革发展的意见》（以下简称《意见》）。该《意见》分总体要求、健全落实安全生产责任制、改革安全监管监察体制、大力推进依法治理、建立安全预防控制体系、加强安全基础保障能力建设 6 部分 30 条。目标任务是：到 2020 年，安全生产监管体制机制基本成熟，法律制度基本完善，全国生产安全事故总量明显减少，职业病危害防治取得积极进展，重特大生产安全事故频发势头得到有效遏制，安全生产整体水平与全面建成小康社会目标相适应。到 2030 年，实现安全生产治理体系和治理能力现代化，全民安全文明素质全面提升，安全生产保障能力显著增强，为实现中华民族伟大复兴的中国梦奠定稳固可靠的安全生产基础。在该《意见》中的总体部署中，对企业安全生产标准化建设有明确要求："大力推进企业安全生产标准化建设，实现安全管理、操作行为、设备设施和作业环境的标准化。"

根据国务院安委会和国家安全生产监督管理总局的相关要求，应着重从以下 4 个方面入手，全面有效地开展安全生产标准化工作：

1. 统一规范管理

根据《企业安全生产标准化基本规范》，明确安全生产标准化的总体原则、管理模式和要求。加强对安全生产标准化工作的统一组织领导，做好不同行业、领域安全生产标准化的协调工作，研究制定安全生产标准化的整体工作方案，统一等级设置、评审程序、公告发牌等要求；制定行业安全生产标准化的通用规范，完善与之配套的行业考核标准和考评办法，形成一套完整的标准化工作文件，健康、有序地推进安全生产标准化工作。

2. 加快相关配套措施出台

应充分利用政策措施和经济杠杆的推动力和拉动力，把安全生产标准化与行政许可、监管监察执法、评优评先、保险费率等有机结合起来，制定相应的优惠激励政策，调动企业开展创建工作的积极性，推动安全生产标准化的广泛实施。如安全生产许可证到期时、处于安全生产标准化达标有效期内的企业，可以取消安全评价、现场审查等条件；安全生产标准化等级与风险抵押金缴纳、工伤保险费率、安全生产责任险费

率、融资贷款等挂钩；把安全生产标准化工作作为表彰奖励的条件，在目标考核中增加安全生产标准化落实情况的内容；对达标企业进行行政处罚时取下限，对未达标企业处罚时取上限等。

3. 加强舆论宣传力度

充分利用各种条件，采取各种形式，加大安全生产标准化工作宣传力度，同时大力宣传各地的典型经验，不断提高社会各方面对安全生产标准化重要性的认识，实现从"要我达标"到"我要达标"的转变。

4. 对各地标准化工作进行量化考核

国家安全生产监督管理总局将对各地安全生产标准化工作进行全面部署，加大工作力度，如在年度安全生产标准化工作的基础上，数量提高多少比例，总量达到多少等，从而扩大安全生产标准化的工作面和影响力，增加标准化企业的数量，同时提高标准化的质量和水平。

第二节 企业安全生产标准化建设实施

一、 企业安全生产标准化建设流程

企业安全生产标准化建设流程包括策划准备及制定目标、教育培训、现状梳理、管理文件制/修订、实施运行及整改、企业自评、评审申请、外部评审 8 个阶段。

1. 策划准备及制定目标

策划准备阶段首先要成立领导小组，由企业主要负责人担任领导小组组长，所有相关职能部门的主要负责人作为成员，确保安全生产标准化建设组织保障；成立执行小组，由各部门负责人、工作人员共同组成，负责安全生产标准化建设过程中的具体问题。

制定安全生产标准化建设目标，并根据目标来制定推进方案，分解落实达标建设责任，确保各部门在安全生产标准化建设过程中任务分工明确，顺利完成各阶段工作目标。

2. 教育培训

安全生产标准化建设需要全员参与。教育培训首先要解决企业领导层对安全生产标准化建设工作重要性的认识，加强其对安全生产标准化工作的理解，从而使企业领导层重视该项工作，加大推动力度，监督检查执行进度；其次要解决执行部门、人员操作的问题，培训评定标准的具体条款要求是什么，本部门、本岗位、相关人员应该做哪些工作，如何将安全生产标准化建设和企业日常安全管理工作相结合。

同时，要加大安全生产标准化工作的宣传力度，充分利用企业内部资源广泛宣传安全生产标准化的相关文件和知识，加强全员参与度，解决安全生产标准化建设的思想认识和关键问题。

3. 现状梳理

对照相应专业评定标准（或评分细则），对企业各职能部门及下属各单位安全管理情况、现场设备设施状况进行现状摸底，摸清各单位存在的问题和缺陷；对于发现的问题，定责任部门、定措施、定时间、定资金，及时进行整改并验证整改效果。现状摸底的结果作为企业安全生产标准化建设各阶段进度任务的针对性依据。

企业要根据自身经营规模、行业地位、工艺特点及现状摸底结果等因素及时调整达标目标，注重建设过程，真实有效可靠，不可盲目一味追求达标等级。

4. 管理文件制/修订

安全生产标准化对安全管理制度、操作规程等要求，核心在其内容的符合性和有效性，而不是对其名称和格式的要求。企业要对照评定标准，对主要安全管理文件进行梳理，结合现状摸底所发现的问题，准确判断管理文件亟待加强和改进的薄弱环节，提出有关文件的制/修订计划；以各部门为主，自行对相关文件进行制/修订，由标准化执行小组对管理文件进行把关。

5. 实施运行及整改

根据制/修订后的安全管理文件，企业要在日常工作中进行实际运行。根据运行情况，对照评定标准的条款，按照有关程序，将发现的问题及时进行整改及完善。

6. 企业自评

企业在安全生产标准化系统运行一段时间后，依据评定标准，由标准化执行小组组织相关人员，开展自主评定工作。

企业对自主评定中发现的问题进行整改，整改完毕后，着手准备安全生产标准化评审申请材料。

7. 评审申请

企业要与相关安全生产监督管理部门或评审组织单位联系，严格按照相关行业规定的评审管理办法，完成评审申请工作。企业在自评材料中，应当将每项考评内容的得分及扣分原因进行详细描述，要通过申请材料反映企业工艺及安全管理情况；根据自评结果确定拟申请的等级，按相关规定到属地或上级安全生产监督管理部门办理外部评审推荐手续后，正式向相应的评审组织单位（承担评审组织职能的有关部门）递交评审申请。

8. 外部评审

接受外部评审单位的正式评审，在外部评审过程中，积极主动配合，由参与安全生产标准化建设执行部门的有关人员参加外部评审工作。企业应对评审报告中列举的全部问题，形成整改计划，及时进行整改，并配合评审单位上报有关评审材料。外部评审时，可邀请属地安全生产监督管理部门派员参加，便于安全生产监督管理部门监督评审工作，掌握评审情况，督促企业整改评审过程中发现的问题和隐患。

二、 实施企业安全生产标准化的要素

安全生产标准化的具体实施有四大要素，即安全管理标准化、安全现场标准化、岗位安全操作标准化和过程控制标准化。

1. 安全管理标准化

通过制定科学的管理标准来规范人的思想行为，确定组织成员必须遵守的行为准则，要求生产经营单位的每一环节，都必须按一定的方法和标准来运行，实现管理的规范化。其内容主要包括：安全生产责任制，纵向到底，横向到边，不留死角；安全生产规章制度；安全生产管理网络，安全生产和职业卫生操作规程；建立安全培训教育、安全活动、安全检查、隐患整改指令台账及安全生产例会等各种会议记录；应急救援与伤亡事故调查处理等。

2. 安全现场标准化

通过现场标准化的实施，来实现人、机、环境的合理匹配，使安全生产管理达到最佳状态。其内容主要包括：现场安全装备系列化，生产场所安全化，管线吊装艺术

化，现场定置科学化，作业牌板、安全标志规范化，文明生产管理标准化，要害部位管理标准化，现场应急有效化等。

3. 岗位安全操作标准化

一是制定的安全生产和职业卫生操作规程能够保证人在生产操作中不受伤害；二是作业姿势、作业方法要符合人的身体健康；三是在作业环境中存在各种有毒有害因素时，作业者必须穿戴的防护用具用品以及处置办法。其内容主要包括：现场作业人、岗、证"三对口"，现场作业"反三违"，正确使用安全设备、个人防护用具，特殊作业管理，岗位作业标准等。

4. 过程控制标准化

从安全角度看，过程控制的核心是控制人的不安全行为和物的不安全状态，其控制方式可以分为：预防控制、更正性控制、行为过程控制和事故控制。其主要内容包括：一是过程的确认，首先应分析、确认过程中有没有危险或有害因素，应当采取怎样的措施。确认的内容一般应包括作业准备的确认、作业方法的确认、设备运行的确认、关闭设备的确认、多人作业的确认等。确认的方法，一般采用检查表、流程图、监护指挥、模拟操作等确认法。二是程序的制定，过程控制必须通过程序来完成，如设计程序、项目审批程序、检查程序、监护程序、隐患排查治理程序、救护应急程序等。

三、 与职业健康安全管理体系的关系

1. 安全生产标准化与职业健康安全管理体系的不同点

（1）职业健康安全管理体系采取自愿原则，安全生产标准化采取强制原则。职业健康安全管理体系是通过周而复始地进行 PDCA 循环，即"计划、行动、检查、改进"活动，使体系功能不断加强。要求组织在实施管理时始终保持持续改进意识，对健康职业管理体系进行不断修正和完善，最终实现预防、控制人身及健康伤害的目标。组织是否实施《职业健康安全管理体系 要求》（GB/T 28001—2011），是否进行职业健康安全管理体系认证，取决于组织自身意愿。

安全生产标准化要求企业具有健全、科学的安全生产责任、规章制度与操作规程，并通过实施严格管理，使企业各个生产岗位、生产环节的安全质量工作符合有关安全生产法律、法规、标准规范要求，使生产始终处于安全状态，以适应企业发展的

需要，满足广大从业人员对自身安全和文明生产的愿望。《国务院关于进一步加强企业安全生产工作的通知》明确指出："全面开展安全达标。深入开展以岗位达标、专业达标和企业达标为内容的安全生产标准化建设，凡在规定时间内未实现达标的企业要依法暂扣其生产许可证、安全生产许可证，责令停产整顿；对整改逾期未达标的，地方政府要依法予以关闭。"

（2）职业健康安全管理体系是管理方法，安全生产标准化是管理标准。职业健康安全管理体系是一套企业管理的行为和程序，表达了组织对职业健康安全进行管理的思想和规范。主要强调系统化的健康安全管理思想，通过建立一整套职业健康安全保障机制，控制和降低职业健康安全风险，最大限度地减少生产安全事故和职业危害的发生，是与质量管理体系、环境管理体系并列的管理体系之一，与组织的其他活动及整体的管理是相容的。

安全生产标准化是一项标准，分为基础管理评价、现场设备设施安全评价、作业环境与职业健康评价3部分，对每项管理活动、每台设备、每个作业环境的评价都有明确的量值规定，据此判定企业是否达到安全生产标准。

（3）职业健康安全管理体系对认证没有强制要求，安全生产标准化对认证有强制要求。职业健康安全管理体系适用于所有行业，旨在使组织能够控制职业健康安全风险并提升绩效，并未提出具体的绩效准则，也未作出设计管理体系的具体规定，即无论这个企业是否为事故多发、频发企业，都可以建立职业健康安全管理体系。要求职业健康安全管理体系认证的主体可以是一个组织或组织中的某个单元，并未强制要求认证主体在法律上是一个独立的主体。职业健康安全管理体系认证是在中国国家认证认可监督管理委员会监督下进行的，若组织不需要获得第三方评审认证，可以依据《职业健康安全管理体系 要求》进行职业健康安全管理体系的建立和自我评价，而不一定获取认证证书。当然，在实际工作中，大部分企业的职业健康安全管理体系是由第三方评审认证的。

安全生产标准化制定了适用于各类型企业的行业标准，从开始的基础行业标准，逐渐补充完善延伸到各行各业。安全生产标准化采用百分制考核，分为3个等级：得分≥90分的为一级；75≤得分<90的为二级；60≤得分<75的为3级。安全生产标准化是强制性的标准，要求企业必须在一定时间内通过该行业的安全生产标准化评审，并经专门机构评审，以及国家安全生产监督管理总局批准，方可通过。

（4）职业健康安全管理体系侧重体系文件建设，安全生产标准化侧重现场设备设施达标。职业健康安全管理体系需要有体系文件进行支撑，体系中各个要素需要体系文件作为管理和支撑基础，如危险源辨识与评价，法律、法规的识别与获取等。需要建立职业健康安全管理体系的组织应在内部建立一套相对完整的体系文件，包括管理手册、程序文件、三级文件（包括作业指导书等）在内的 3 个层级的体系文件，而且对管理文件和记录的管理也有一定的要求。虽然职业健康安全管理体系没有对管理手册的编制进行强制要求，但是关于职能的归属、管理者代表的任命、各要素之间关系的表述等都需要管理手册来描述。因此，体系文件的建设非常关键，也体现了组织对职业健康安全管理所要达到绩效的期望值。

安全生产标准化注重的是现场设备设施的达标，体系文件建设虽然是达标的一部分，但占比很小，关键是现场设备设施是否达标。

（5）职业健康安全管理体系重点关注的是人的安全和健康，安全生产标准化关注的是与安全有关的人、财、物。

对人的健康和安全的关注是职业健康安全管理体系的目标和重点，以人民为中心，从关注人的安全扩展到关注人的健康，即从关注职业病发展到关注职业伤害，从关注人的行为健康发展到关注人的心理健康。

安全生产标准化关注安全的各个方面：人的伤害，物的损耗，财产的损失，只要是与安全相关的损害都是安全生产标准化所关注的。

2. 安全生产标准化与职业健康安全管理体系的相同点

（1）两者都强调预防为主、持续改进以及动态管理。建立职业健康安全管理体系是企业安全管理从传统的经验型向现代化管理转变的具体体现，是安全管理从事后查处的被动型管理向事前预防的主动型管理转变的重要途径。通过建立职业健康安全管理体系，利用"危险源辨识，风险评价，风险控制"的科学方法和动态管理，可进一步明确重大事故隐患和重大危险源。通过持续改进，加强对重大事故隐患和重大危险源的治理和整改，降低职业安全风险，不断改善生产现场作业环境，将企业的有限资源合理利用在风险较高的地方。

安全生产标准化通过"开展危险源辨识、评价与管理，以及对重要危险源制定应急预案"，从源头上加强对职业风险的管理，采用动态管理方式，降低事故事件的发生概率，体现了"安全第一，预防为主，综合治理"的方针。侧重现场设备设施达标，依照法律、法规和标准规范，涉及安全生产的所有方面，提出了具体和翔实的数量和质量要求，为安全管理设定了清晰的界限和严格的标准。

（2）两者都强调遵守法律、法规和标准规范。我国已建成完善的安全生产法律体系，对强化安全生产监督管理，规范生产经营企业和从业人员的安全生产行为，维护人民群众的生命安全，保障生产经营活动顺利进行，促进经济发展和社会稳定具有重大而深远的意义。2014 年 8 月 31 日，第十二届全国人大常委会第十次会议通过了全国人大常委会关于修改《安全生产法》的决定，新修订的《安全生产法》对落实企业责任、强化政府监管、加大惩戒力度等提出了新的要求。

安全生产标准化的考评条款根据相关法律、法规及标准规范，以及与安全健康有关的规定编制，企业开展安全生产标准化活动，就是以法律、法规和标准规范为基础，把安全生产工作纳入法制范畴。法律、法规和标准规范是预测、衡量生产活动安全性、规范性、科学性的依据，是实现安全生产标准化的最基本保障。

遵守法律、法规和标准规范也是职业健康安全管理体系的基本要求，组织通过管理、运行控制等活动确保满足法律、法规和标准规范要求，并对遵守情况进行监督，这与安全生产标准化活动的意图完全吻合。

3. 安全生产标准化与职业健康安全管理体系的联系

（1）适用范围不断融合和补充。职业健康安全管理体系是以 ISO 9000 系列标准为基础制定的，具有国际性，自愿性强，适用于各个行业，是一种模式和方法，更加强调事前控制和过程管理，对效果并没有具体要求，开放程度更高，适用范围更广。

安全生产标准化是我国经过不断补充和完善形成的成熟的安全生产管理手段，具有中国特色，符合我国国情，对安全生产具有实际指导意义。根据行业特点制定了不同行业的安全标准，具有很强的针对性，跨行业进行评审的难度较大。在基础管理评审、设备设施安全评审、作业环境与职业健康评审三部分中，基础管理评审是较为通用的部分，而其他两项评审的行业差别比较大。因此，在安全生产标准化评审中，应聘请行业专家参与。当跨行业评审认证时，对专家的经验和安全技术水平要求更高。安全生产标准化更多地注重结论和结果，以最终实际情况判定是否达标，各行业之间兼容性小。

相比之下，安全生产标准化是比较严格、强制和注重实际效果的。职业健康安全管理体系比较灵活、开放、非强制和注重过程。职业健康安全管理体系与安全生产标准化互相补充，相互融合，可以更好地弥补各自缺陷，发挥优势，为现代企业不断提升安全管理水平开拓思路。

安全生产标准化是建立职业健康安全管理体系的核心和基础，安全生产标准化相当于职业健康安全管理体系运行中的作业指导书，可以为危险源的辨识、运行控制、绩效提升提供方法和手段，使职业健康安全管理体系更有可操作性和实效性，有利于职业健康安全管理体系的有效运行。

（2）主动和被动相互依存，是一个事物的两个方面。在美国管理学大师彼得·德鲁克现代管理学理论中，常将被管理人分为两种：理想化的人、需要被动约束的非理想化的人。理想化的人个人能动性比较高，能自觉自愿完成任务；非理想化的人需要法律和制度约束，不加强管理就会出现违规行为。职业健康安全管理体系与安全生产标准化也体现了这两种特征。

职业健康安全管理体系需要企业的管理人员和从业人员具有较高的安全、管理素质，以法律、法规和标准规范为基础，把体系要求自觉与实际工作进行衔接，以保证体系的正常运行。是主动积极地不断寻找最佳的安全管理手段，实现安全最优，这个过程是无止境的。并且在这个过程中没有外部因素的干预和压力，完全是一种自觉自愿的行为。

安全生产标准化被动性强，是以法律、法规和标准规范为底线加强企业的安全管理，在某个区域或评价范围甚至可以达到相对的满分。但是一旦不达标，就会被一票否决，停业或停产。

对于一个企业，应首先满足安全生产标准化这一基础性要求，在这个基础上，采用职业健康安全管理体系进一步提升安全管理水平，最终实现动态的安全管理，对现有及未来的隐患主动地控制，实现真正的安全无忧，这才是安全管理的最终目标。

（3）各有侧重，相互补充。安全生产标准化与职业健康安全体系工作内容大部分是相通的。如危险化学品企业，安全生产标准化是强制实施的，而职业健康安全体系是推荐实施的。因此，危险化学品企业必须按照安全生产标准化开展工作并接受评审，若该危险化学品企业还通过了职业健康安全体系的第三方评审认证，要将两者进行有效整合管理，相互补充。

对于一些相冲突的内容，应以安全生产标准化要求为准。例如，在安全生产标准化中危险源辨识、评价是通过风险发生的可能性和严重程度进行衡量的，而职业健康安全体系评价是通过风险发生的可能性、严重程度及暴露危险环境的频繁程度评价的。安全生产标准化与职业健康安全体系并不矛盾，只不过辨识评价方法略有不同，而且过程都是事先将危害识别并加以评价，并提前制定预防措施达到事前预防的目的，可直接采用安全生产标准化的评价方法。因此，无论是否建立了职业健康安全管理体系的企业，都应进行安全生产标准化建设。

在实际操作中，特别是一些已经建立了职业健康安全管理体系并运行多年的企业，有些安全管理手段并未有效运行，出现了认证与实际运行"两层皮"现象。究其原因：一是为认证而认证；二是人员能力和素质还不能满足职业健康安全管理体系的要求。真正做到职业健康安全管理体系有效运行的企业，其安全管理水平应能满足安全生产标准化的要求，即能达到可直接进行安全生产标准化评审申请的安全管理水平。否则，应有针对性地解决"两层皮"问题。具体做法：在安全管理制度等软件方面可以在职业健康安全管理体系原有管理体系文件的基础上，进行查漏补缺，做到管理标准化；在现场运行方面，对照相应专业评定标准，进一步达到操作标准化、现场标准化的要求，使安全生产标准化建设与职业健康安全管理体系有效融合，成为一套企业安全生产管理行之有效的方法和系统。

对于管理标准较多的企业，要注意各类标准的相互融合、相互弥补，尽量减少多体系形成大量文件和繁杂的流程，厘清脉络，取长补短，既做到全面系统，又要互相兼顾，有效地避免"两层皮"现象。

第三章 企业安全生产标准化建设规范标准

第一节 《企业安全生产标准化基本规范》标准概况

一、 标准的制定与修订

自《企业安全生产标准化基本规范》实施以来，国家安全生产监督管理总局高度重视企业安全生产标准化工作的推动、实施，在各级安全监督管理部门和相关行业管理部门的大力推动下，广大企业积极开展安全生产标准化创建工作。经不断探索与实践，企业安全生产标准化工作在增强安全发展理念、强化安全生产红线意识、夯实企业安全生产基础、推动落实企业安全生产主体责任、提升安全生产管理水平等方面发挥了重要作用，取得了显著成效。特别是《安全生产法》已将推进企业安全生产标准化建设写入法律条文，成为企业的法定职责。企业安全生产标准化建设越来越受到企业的重视，成为提高企业本质安全、推进隐患排查治理和风险防控的基本措施，越来越受到各级党委政府的重视，成为衡量企业负责人是否履行安全生产主体责任的重要依据。为进一步引导推动广大企业自主开展安全生产标准化建设，建立安全生产管理体系，健全完善安全生产长效机制，提升企业安全生产管理水平，该标准被列为国家标准修订、实施。

2017 年 4 月 1 日，新版《企业安全生产标准化基本规范》（GB/T 33000—2016）（以下简称新版《基本规范》）国家标准正式实施。该标准由国家安全生产监督管理总局提出，全国安全生产标准化技术委员会归口，中国安全生产协会负责起草。该标准实施后，安全生产行业标准《企业安全生产标准化基本规范》（AQ/T 9006—2010）废止。

二、 标准的主要特点

1.《基本规范》的基本特征

（1）采用了国际通用的策划（P. Plan）、实施（D. Do）、检查（C. Check）、改进（A. Act）动态循环的 PDCA 现代安全管理模式。通过企业自我检查、自我纠正、自我完善这一动态循环的管理模式，能够更好地促进企业安全绩效的持续改进和安全生产长效机制的建立。

（2）对各行业、各领域具有广泛适用性。《基本规范》总结归纳了煤矿、危险化学品、金属非金属矿山、烟花爆竹、冶金、机械等已经颁布的行业安全生产标准化标准中的共性内容，提出了企业安全生产管理的共性基本要求，既适应各行业安全生产工作的开展，又避免了自成体系的局面。

（3）体现了企业主体责任与外部监督相结合的思想。《基本规范》要求企业对安全生产标准化工作进行自主评定，自主评定后申请外部评审定级，并由安全生产监督管理部门对评审定级进行监督。

2. 新版《基本规范》的主要特点

新版《基本规范》在总结企业安全生产标准化建设工作实践经验的基础上，突出体现了 3 个主要特点。

（1）突出了企业安全管理系统化要求。新版《基本规范》贯彻落实国家法律、法规、标准规范的有关要求，进一步规范从业人员的作业行为，提升设备现场本质安全水平，促进风险管理和隐患排查治理工作，有效夯实企业安全基础，提升企业安全管理水平。更加注重安全管理系统的建立、有效运行并持续改进，引导企业自主进行安全管理。

（2）调整了企业安全生产标准化管理体系的核心要素。为使一级要素的逻辑结构更具系统性，新版《基本规范》将原 13 个一级要素梳理为 8 个：目标职责、制度化管理、教育培训、现场管理、安全风险管控及隐患排查治理、应急管理、事故管理和持续改进。强调了落实企业领导层责任、全员参与、构建双重预防机制等安全管理核心要素，指导企业实现健康安全管理系统化、岗位操作行为规范化、设备设施本质安全化、作业环境器具定置化，并持续改进。

（3）提出安全生产与职业健康管理并重的要求。《中共中央 国务院关于推进安全生产领域改革发展的意见》中要求，企业对本单位安全生产和职业健康工作负全面责任，要严格履行安全生产法定责任，建立健全自我约束、持续改进的内生机制。建立企业全过程安全生产和职业健康管理制度，坚持管安全生产必须管职业健康。新版《基本规范》将安全生产与职业健康要求一体化，强化企业职业健康主体责任的落实。同时，实行了企业安全生产标准化体系与国际通行的职业健康管理体系的对接。

新版《基本规范》作为企业安全生产管理体系建立的重要依据，以国家标准发布实施，将在企业安全生产标准化实践中发挥积极的推动作用，指导和规范广大企业自主进行安全管理，深化企业安全生产标准化建设成效，引导企业科学发展、安全发展，做到安全不是"投入"而是"投资"，实现企业生产质量、效益和安全的有机统一，能够产生广泛而实际的社会效益和经济效益。

第二节 《企业安全生产标准化基本规范》 实施

一、 标准实施的重要意义和重点工作

1. 《基本规范》 实施的意义

《基本规范》实施的重要意义主要体现在以下几个方面：

（1）有利于进一步规范企业的安全生产工作。《基本规范》涉及企业安全生产工作的方方面面，提出的要求明确、具体，较好地解决了企业安全生产工作干什么和怎么干的问题，能够更好地引导企业落实安全生产责任，做好安全生产工作。

（2）有利于进一步维护从业人员的合法权益。安全生产工作的最终目的都是为了保护人民群众的生命财产安全，《基本规范》的各项规定，尤其是关于教育培训和职业健康的规定，可以更好地保障从业人员安全生产方面的合法权益。

（3）有利于进一步促进安全生产法律、法规的贯彻落实。安全生产法律、法规对安全生产工作提出了原则要求，设定了各项法律制度。《基本规范》是对这些相关法律

制度内容的具体化和系统化，并通过运行使之成为企业的生产行为规范，从而更好地促进安全生产法律、法规的贯彻落实。

2.《基本规范》实施工作的重点

国家安全生产监督管理总局相关文件要求加强宣传贯彻《基本规范》，具体开展以下工作：

（1）向各省（区、市）安全生产监督管理部门和省级煤矿安全监察机构下发宣传贯彻《基本规范》的通知，提出具体宣贯要求。

（2）制定企业安全生产标准化考评办法等配套规定，并推动此类工作的宣传教育，规范企业安全生产标准化的绩效评定和持续改进。

（3）组织有关专家编写《基本规范》释义和宣传教育材料，对相关部门的有关人员以及重点企业安全生产管理人员进行宣贯培训。

（4）充分发挥报纸、期刊、网络等媒体的作用，大力宣传《基本规范》，使企业了解其内容，并自觉贯彻落实。

（5）各级有关主管部门加强对贯彻落实《基本规范》的指导和监督，发现问题及时研究解决，充分调动企业的积极性和主动性。

二、 国家管理部门对标准的贯彻落实上的主要要求

《基本规范》的发布实施是安全生产标准工作中的大事，是搞好安全生产监督管理工作的有益尝试。《基本规范》能否取得预期的效果，关键在落实。国家安全生产监督管理总局在有关文件中明确各有关单位努力做好各项相关工作，在总结安全生产标准化工作的基础上，积极推动《基本规范》落实到位，要求各地安全生产监督管理部门做好以下 3 个方面的贯彻落实工作：

1. 抓紧组织制定相关配套规定

企业安全生产标准化是一项系统工程，涉及各行业的各个生产环节。《基本规范》的全面贯彻落实，需要配套的制度规定。各地区应该根据《基本规范》的相关规定，结合本地实际，对近年已经开展的安全生产标准化工作进行梳理，积极研究制定、修订有关企业安全生产标准化的配套规定，尤其要针对不同行业、不同规模的企业制定更加具体的规定，加强《基本规范》适用的针对性。

2. 加强与安全生产有关工作的衔接

在煤矿、非煤矿山、危险化学品、烟花爆竹等高危行业，《基本规范》的实施要与安全生产许可证（合格证）工作相结合。各安全生产许可证（合格证）颁发管理机关在安全生产许可证发证和延期审查时，应严格依据《安全生产许可证条例》及其有关配套规章的规定，结合《基本规范》的有关内容，并综合考量企业安全生产标准化自主评定和外部评审的结果后，再作出是否同意的决定。

3. 做好《基本规范》实施的监督检查

各有关单位应结合本年度的行政执法计划，深入开展《基本规范》实施的监督检查，督促企业根据《基本规范》的要求，完善相应的安全生产管理制度，并针对当前安全生产管理中存在的问题和薄弱环节，完善工作机制，健全规章制度，切实提高安全管理水平。同时，各单位也应以《基本规范》发布实施为契机，进一步规范安全生产行政执法行为，提升安全生产监管监察水平，使政府的安全生产监督管理与企业的安全管理形成良性互动。应通过学习宣传贯彻《基本规范》，加强企业安全生产规范化建设，提高企业安全生产管理能力，使各行业逐步实现岗位达标、专业达标和企业达标，进一步促进全国安全生产形势的稳定好转。

第三节 《企业安全生产标准化基本规范》 主要内容

一、 标准的范围

1. 范围

《基本规范》规定了企业安全生产标准化管理体系建立、保持与评定的原则和一般要求，以及目标职责、制度化管理、教育培训、现场管理、安全风险管控及隐患排查治理、应急管理、事故管理和持续改进 8 个体系的核心技术要求。

《基本规范》适用于工矿企业开展安全生产标准化建设工作，有关行业制/修订安全生产标准化标准、评定标准，以及对标准化工作的咨询、服务、评审、科研、管理和规划等。其他企业和生产经营单位等可参照执行。

2. 规范性应用文件

《基本规范》引用了相关标准，下列文件对规范的应用必不可少，并说明了：凡是注日期的引用文件，仅注日期的版本适用于本规范。凡是不注日期的引用文件，其最新版本（包括所有的修改单）适用于本规范。有关标准如下所列：

（1）GB 2893《安全色》。

（2）GB 2894《安全标志及其使用导则》。

（3）GB 5768《（所有部分）道路交通标志和标线》。

（4）GB 6441《企业职工伤亡事故分类》。

（5）GB 7231《工业管道的基本识别色、识别符号和安全标识》。

（6）GB/T 11651《个体防护装备选用规范》。

（7）GB 13495.1《消防安全标志第一部分：标志》。

（8）GB/T 15499《事故伤害损失工作日标准》。

（9）GB 18218《危险化学品重大危险源辨识》。

（10）GB/T 29639《生产经营单位生产安全事故应急预案编制导则》。

（11）GB 30871《化学品生产单位特殊作业安全规范》。

（12）GB 50016《建筑设计防火规范》。

（13）GB 50140《建筑灭火器配置设计规范》。

（14）GB 50187《工业企业总平面设计规范》。

（15）AQ 3035《危险化学品重大危险源安全监控通用技术规范》。

（16）AQ/T 9004《企业安全文化建设导则》。

（17）AQ/T 9007《生产安全事故应急演练指南》。

（18）AQ/T 9009《生产安全事故应急演练评估规范》。

（19）GBZ 1《工业企业设计卫生规范》。

（20）GBZ 2.1《工作场所有害因素职业接触限值第一部分：化学有害因素》。

（21）GBZ 2.2《工作场所有害因素职业接触限值第一部分：物理因素》。

（22）GBZ 158《工作场所职业病危害警示标识》。

（23）GBZ 188《职业健康监护技术规范》。

（24）GBZ/T 203《高毒物品作业岗位职业病危害告知规范》。

3. 标准中适用的术语和定义

（1）企业安全生产标准化（China occupational safety and health management system）。企业通过落实企业安全生产主体责任，通过全员全过程参与，建立并保持安全生产管理体系，全面管控生产经营活动各环节的安全生产与职业卫生工作，实现安全健康管理系统化、岗位操作行为规范化、设备设施本质安全化、作业环境器具定置化，并持续改进。

（2）安全生产绩效（work safety performance）。根据安全生产和职业卫生目标，在安全生产、职业卫生等工作方面取得的可测量结果。

（3）企业主要负责人［key person（s）in charge of the enterprise］。有限责任公司、股份有限公司的董事长、总经理，其他生产经营单位的厂长、经理、矿长，以及对生产经营活动有决策权的实际控制人。

（4）相关方（related party）。工作场所内外与企业安全生产绩效有关或受其影响的个人或单位，如承包商、供应商等。

（5）承包商（contractor）。在企业的工作场所按照双方协定的要求向企业提供服务的个人或单位。

（6）供应商（supplier）。为企业提供材料、设备或设施及服务的外部个人或单位。

（7）变更管理（management of change）。对机构、人员、管理、工艺、技术、设备设施、作业环境等永久性或暂时性的变化进行有计划的控制，以避免或减轻对安全生产的影响。

（8）风险（risk；hazard）。发生危险事件或有害暴露的可能性，与随之引发的人身伤害、健康损害或财产损失的严重性的组合。

（9）安全风险评估（risk assessment；hazard assessment）。运用定性或定量的统计分析方法对安全风险进行分析、确定其严重程度，对现有控制措施的充分性、可靠性加以考虑，以及对其是否可接受予以确定的过程。

（10）安全风险管理（risk management；hazard management）。根据安全风险评估的结果，确定安全风险控制的优先顺序和安全风险控制措施，以达到改善安全生产环境、减少和杜绝生产安全事故的目标。

（11）工作场所（work place）。从业人员进行职业活动，并由企业直接或间接控制的所有工作点。

（12）作业环境（working environment）。从业人员进行生产经营活动的场所以及相关联的场所，对从业人员的安全、健康和工作能力，以及对设备（设施）的安全运行产生影响的所有自然和人为因素。

二、 标准的一般要求

1. 原则

企业开展安全生产标准化工作，应遵循"安全第一、预防为主、综合治理"的方针，落实企业主体责任。以安全风险管理、隐患排查治理、职业病危害防治为基础，以安全生产责任制为核心，建立安全生产标准化管理体系，全面提升安全生产管理水平，持续改进安全生产工作，不断提升安全生产绩效，预防和减少事故的发生，保障人身安全健康，保证生产经营活动的有序进行。

2. 建立和保持

企业应采用"策划、实施、检查、改进"的"PDCA"动态循环模式，依据本标准的规定，结合企业自身特点，自主建立并保持安全生产标准化管理体系；通过自我检查、自我纠正和自我完善，构建安全生产长效机制，持续提升安全生产绩效。

3. 自评和评审

企业安全生产标准化管理体系的运行情况，采用企业自评和评审单位评审的方式进行评估。

三、 标准的核心要素

《企业安全生产标准化基本规范》内容全面，共有 8 个体系的核心技术要求，并实现了安全管理、安全现场环境、岗位操作和过程控制标准化的闭环建设与管理。该标准具体的核心技术要求（以下简称核心要素）见表 3—1。

表 3—1 **《企业安全生产标准化基本规范》的核心要素**

序号	要素		
	一级核心要素	二级核心要素	三级核心要素
1	目标职责	目标	
		机构和职责	机构设置
			主要负责人及领导层职责
		全员参与	
		安全生产投入	
		安全文化建设	
		安全生产信息化建设	
2	制度化管理	法规标准识别	
		规章制度	
		操作规程	
		文档管理	记录管理
			评估
			修订
3	教育培训	教育培训管理	
		人员教育培训	主要负责人和安全管理人员
			从业人员
			外来人员
4	现场管理	设备设施管理	设备设施建设
			设备设施验收
			设备设施运行
			设备设施检维修
			检测检验
			设备设施拆除、报废
		作业安全	作业环境和作业条件
			作业行为
			岗位达标
			相关方
		职业健康	基本要求
			职业危害告知
			职业病危害项目申报
			职业病危害检测与评价
		警示标志	
5	安全风险管控及隐患排查治理	安全风险管理	安全风险辨识
			安全风险评估

续表

序号	要素		
	一级核心要素	二级核心要素	三级核心要素
5	安全风险管控及隐患排查治理	安全风险管理	安全风险控制
			变更管理
		重大危险源辨识与管理	
		隐患排查治理	隐患排查
			隐患治理
			验收与评估
			信息记录、通报和报送
			预测预警
6	应急管理	应急准备	应急救援组织
			应急预案
			应急设施、装备、物资
			应急演练
			应急救援信息系统建设
		应急处置	
		应急评估	
7	事故管理	报告	
		调查和处理	
		管理	
8	持续改进	绩效评定	
		持续改进	

第四节 《企业安全生产标准化基本规范》 与相关行业规范的关系

相关行业的安全生产标准化规范与《企业安全生产标准化基本规范》的总体要求、管理模式等是基本相同的，它们从不同行业角度提出了本行业安全生产标准化的特定要求，相关行业安全生产标准化规范已有相应要求的，企业应优先采用该行业规范；相关行业安全生产标准化规范没有相应要求的，企业应采用《企业安全生产标准化基本规范》的相应要求。对没有制定标准化规范的相关行业，《企业安全生产标准化基本规范》是企业开展安全生产标准化工作的基础标准。

《企业安全生产标准化基本规范》是制定、修订相关行业规范的依据，在相关行业安全生产标准化制定、修订中，应遵循《企业安全生产标准化基本规范》的要求；已制定的规范与《企业安全生产标准化基本规范》的要求、模式不同的，应按《企业安全生产标准化基本规范》的要求尽快修订。国家鼓励相关行业在《企业安全生产标准化基本规范》的基础上，针对行业特点，制定具体、细化的本行业规范。

第四章 企业安全生产标准化建设
规范要素释义

第一节 目 标 职 责

一、目标

企业应根据自身安全生产实际，制定文件化的总体和年度安全生产与职业卫生目标，并纳入企业总体生产经营目标。明确目标的制定、分解、实施、检查、考核等环节要求，并按照所属基层单位和部门在生产经营活动中所承担的职能，将目标分解为指标，确保落实。

企业应定期对安全生产与职业卫生目标、指标实施情况进行评估和考核，并结合实际及时进行调整。[①]

企业的安全生产和职业卫生目标管理是指企业在一个时期内，根据国家有关要求，结合自身实际，制定安全生产和职业卫生目标并层层分解，明确责任，落实措施；定期考核、奖惩兑现，达到现代安全生产和职业卫生目的的科学管理方法。因此，企业应制定对安全生产和职业卫生目标的管理制度，从制度层面规定其从制定、分解到实施、考核等所有环节的要求，保证目标执行的闭环管理。其范围应包括企业的所有部门、所属单位和全体员工。该制度可以单独建立，也可以和其他目标的制度融合在一起。通过职业健康安全管理体系认证的企业，虽然有《方针和目标控制程序》的程序

---

① 注：本章内容中的楷体字部分，为 GB/T 33000—2016《企业安全生产标准化基本规范》的原文引用。

文件，但是一般要求比较抽象，不具体，操作性不强，不能满足环节内容的要求，因此需要修订。

企业应按照安全生产和职业卫生目标管理制度的要求，制定具体的年度目标。各企业具体的目标不尽相同，但应该是合理的，可以实现的。目标制定的主要原则有：

（1）符合原则：符合有关法律、法规标准和上级要求。

（2）持续进步原则：比以前的稍高一点，跳起来，够得着，实现得了。

（3）"三全"原则：覆盖全员、全过程、全方位。

（4）可测量原则：可以量化测量的，否则无法考核兑现绩效。

（5）重点原则：突出重点、难点工作。

企业应根据所属基层单位和所有的部门在安全生产和职业卫生中的职能以及可能面临的风险大小，将安全生产和职业卫生目标进行分解。原则上应包括所有的单位和职能部门，如安全生产和职业卫生管理部门、生产部门、设备部门、人力资源管理部门、财务部门、党群部门等。如果企业管理层级较多，各所属单位可以逐级承接分解细化企业总的年度安全生产和职业卫生目标，实现所有的单位、所有的部门、所有的人员都有目标责任。为了保障年度安全生产和职业卫生目标与指标的完成，要针对各项目标，制订具体的实施计划和考核办法。

主管部门应在目标实施计划的执行过程中，按照规定的检查周期和关键节点，对目标进行监测检查，进行有效监督，发现问题及时解决。同时保存有关监测检查的记录资料，以便提供考核依据。

年度各项安全生产和职业卫生目标的完成情况如何，需要进行定期的总结评估分析。评估分析后，如发现企业当前的目标完成情况与设定的目标计划不符合时，应对目标进行必要的调整，并修订实施计划。总结评估分析的周期应和考核的周期频次保持一致，原则上应有月度、季度、半年度的总结评估分析和考核。总结评估分析的内容应全面、实事求是，在充分肯定成绩的同时，认真查找需要改进提高的方面。

二、 机构和职责

1. 机构设置

企业应落实安全生产组织领导机构，成立安全生产委员会，并应按照有关规定设置安全生产和职业卫生管理机构，或配备相应的专职或兼职安全生产和职业卫生管理人员，按照有关规定配备注册安全工程师，建立健全从管理机构到基层班组的管理网络。

（1）企业安全生产委员会及其职责。企业成立安全生产委员会没有法律、法规强制性要求，但是安全生产和职业卫生工作涉及企业生产和管理各个环节，因此，企业有必要成立安全生产委员会，以协调顺利进行安全生产和职业卫生各项管理制度的建立和执行。企业的安全生产委员会是本企业安全生产的组织领导机构，应由企业主要负责人和分管安全生产与职业卫生的领导人担任领导层，成员包括企业其他部门分管领导和有关部门的主要负责人。企业安全生产委员会可设立办公室或办事机构，一般设立在企业安全生产和职业卫生管理机构内，负责处理安全生产委员会日常事务。

安全生产委员会主要职责是：全面负责企业安全生产和职业卫生的管理工作，研究制订安全生产和职业卫生技术措施和劳动保护计划，实施安全生产和职业卫生检查和监督，调查处理安全生产和职业卫生事故等工作。

（2）企业安全生产和职业卫生管理机构和人员及其职责。企业安全生产和职业卫生管理机构是指生产经营单位中专门负责安全生产和职业卫生监督管理的内设机构。安全生产和职业卫生管理人员是指生产经营单位从事安全生产和职业卫生管理工作的专职或者兼职人员。在生产经营单位专门从事安全生产和职业卫生管理工作的人员就是专职的安全生产和职业卫生管理人员；在生产经营单位既承担其他工作职责、工作任务，同时又承担安全生产和职业卫生管理职责的人员则为兼职安全生产和职业卫生管理人员。

企业的安全生产和职业卫生管理机构以及安全生产和职业卫生管理人员履行的职责有：组织或者参与拟订本单位安全生产和职业卫生规章制度、操作规程及生产安全和职业卫生事故应急救援预案；组织或者参与本单位安全生产和职业卫生教育和培训，如实记录安全生产和职业卫生教育和培训情况；督促落实本单位重大危险源的安全管理措施；组织或者参与本单位应急救援演练；检查本单位的安全生产和职业卫生状况，及时排查生产安全和职业卫生事故隐患，提出改进安全生产和职业卫生管理的建议；制止和纠正"三违"，即违章指挥、强令冒险作业、违反操作规程的行为；督促落实本单位安全生产和职业卫生整改措施；组织或者参与本单位安全生产和职业卫生责任制的考核，提出健全完善安全生产和职业卫生责任制的建议；督促落实本单位安全生产和职业卫生风险管控措施和重大事故隐患整改治理措施；组织本单位安全生产和职业卫生检查，对检查发现的问题及生产安全和职业卫生事故隐患按照有关规定进行处理，并形成书面记录备查；法律、法规规定的其他安全生产和职业卫生工作职责。

（3）企业安全生产和职业卫生管理机构的设置要求。根据法律、法规的有关规定，企业安全生产和职业卫生管理机构的设置应满足如下要求：

矿山、金属冶炼、建筑施工、道路运输单位和危险物品的生产、经营、储存单位，应当设置安全生产管理机构或者配备专职安全生产管理人员。

其他生产经营单位，从业人员超过 100 人的，应当设置安全生产和职业卫生管理机构或者配备专职安全生产和职业卫生管理人员；从业人员在 100 人以下的，应当配备专职或者兼职的安全生产和职业卫生管理人员。

（4）企业注册安全工程师的设置。危险物品的生产、储存单位以及矿山、金属冶炼单位应当有注册安全工程师从事安全生产和职业卫生管理工作。鼓励其他生产经营单位聘用注册安全工程师从事安全生产和职业卫生管理工作。

2. 主要负责人及领导层职责

企业主要负责人全面负责安全生产和职业卫生工作，并履行相应责任和义务。

分管负责人应对各自职责范围内的安全生产和职业卫生工作负责。

各级管理人员应按照安全生产和职业卫生责任制的相关要求，履行其安全生产和职业卫生职责。

企业主要负责人全面负责安全生产和职业卫生工作，分管负责人应对各自职责范围内的安全生产和职业卫生工作负责。

其中，企业主要负责人的安全生产和职业卫生职责有：建立、健全本单位安全生产和职业卫生责任制；组织制定本单位安全生产和职业卫生规章制度和操作规程；组织制订并实施本单位安全生产和职业卫生教育和培训计划；保证本单位安全生产和职业卫生投入的有效实施；督促、检查本单位的安全生产和职业卫生工作，及时消除生产安全和职业卫生事故隐患；组织制定并实施本单位的生产安全和职业卫生事故应急救援预案；及时、如实报告生产安全和职业卫生事故；负责本单位安全生产和职业卫生责任制的监督考核；定期研究安全生产和职业卫生工作，向职工代表大会、职工大会报告安全生产和职业卫生情况；建立、健全本单位安全生产和职业卫生风险分级管控和生产安全和职业卫生事故隐患排查治理工作机制；推进本单位安全文化建设；配合有关人民政府或者部门开展生产安全和职业卫生事故调查，落实事故防范和整改措施。

三、 全员参与

企业应建立健全安全生产和职业卫生责任制，明确各级部门和从业人员的安全生产和职业卫生职责，并对职责的适宜性、履行情况进行定期评估和监督考核。

企业应为全员参与安全生产和职业卫生工作创造必要的条件，建立激励约束机制，鼓励从业人员积极建言献策，营造自下而上、自上而下全员重视安全生产和职业卫生的良好氛围，不断改进和提升安全生产和职业卫生管理水平。

企业应建立全员参与的安全生产和职业卫生责任制。

1. 安全生产和职业卫生责任制

安全生产和职业卫生责任制是根据我国的安全生产方针"安全第一，预防为主，综合治理"和安全生产和职业卫生法规以及"管生产的同时必须管安全"这一原则，建立的各级领导、职能部门、工程技术人员、岗位操作人员在劳动生产过程中对安全生产和职业卫生层层负责的制度，是将以上所列的各级负责人员、各职能部门及其工作人员和各岗位生产人员在安全生产和职业卫生方面应做的事情和应负的责任加以明确规定的一种制度。

安全生产和职业卫生责任制是企业岗位责任制的一个组成部分，是企业中最基本的一项安全制度，也是企业安全生产和职业卫生管理制度的核心。实践证明，凡是建立、健全了安全生产和职业卫生责任制的企业，各级领导重视安全生产和职业卫生工作，切实贯彻执行党的安全生产和职业卫生方针、政策和国家的安全生产和职业卫生法规，在认真负责地组织生产的同时，积极采取措施，改善劳动条件，工伤事故和职业性疾病就会减少。反之，就会职责不清，相互推诿，而使安全生产和职业卫生工作无人负责，无法进行，工伤事故与职业病就会不断发生。

2. 安全生产和职业卫生责任制的主要内容

安全生产和职业卫生责任制纵向方面，即从上到下所有类型人员的安全生产和职业卫生职责。在建立责任制时，可首先将本单位从主要负责人一直到岗位工人分成相应的层级，然后结合本单位的实际工作，对不同层级的人员在安全生产和职业卫生中应承担的职责作出规定。横向方面，即各职能部门（包括党、政、工、团）的安全生产和职业卫生职责。在建立责任制时，可按照本单位职能部门的设置（如安全、设备、计划、技术、生产、基建、人事、财务、设计、档案、培训、党办、宣传、工会、团委等部门），分别对其在安全生产和职业卫生中应承担的职责作出规定。

3. 安全生产和职业卫生责任制包括的人员

企业在建立安全生产和职业卫生责任制时，在纵向方面至少应包括下列几类人员：

（1）企业主要负责人。生产经营单位的主要负责人是本单位安全生产和职业卫生的第一责任者，对安全生产和职业卫生工作全面负责。主要责任见上文所述。

（2）企业其他负责人。企业其他负责人的职责是协助主要负责人搞好安全生产和职业卫生工作。不同的负责人管的工作不同，应根据其具体分管工作，对其在安全生产和职业卫生方面应承担的具体职责作出规定。

（3）企业职能管理机构负责人及其工作人员。各职能部门都会涉及安全生产和职业卫生职责，需根据各部门职责分工作出具体规定。各职能部门负责人的职责是按照本部门的安全生产和职业卫生职责，组织有关人员做好落实本部门安全生产和职业卫生责任制，并对本部门职责范围内的安全生产和职业卫生工作负责；各职能部门的工作人员则是在其职责范围内做好有关安全生产和职业卫生工作，并对自己职责范围内的安全生产和职业卫生工作负责。

（4）班组长。班组是搞好安全生产和职业卫生工作的关键。班组长全面负责本班组的安全生产和职业卫生工作，是安全生产和职业卫生法律、法规和规章制度的直接执行者。班组长的主要职责是贯彻执行本单位对安全生产和职业卫生的规定和要求，督促本班组的工人遵守有关安全生产和职业卫生规章制度及安全生产和职业卫生操作规程，切实做到不违章指挥，不违章作业，遵守劳动纪律。

（5）岗位工人。岗位工人对本岗位的安全生产和职业卫生负直接责任。岗位工人要接受安全生产和职业卫生教育和培训，遵守有关安全生产和职业卫生规章和操作规程，不违章作业，遵守劳动纪律。特种作业人员必须接受专门的培训，经考试合格取得操作资格证书的，方可上岗作业。

四、 安全生产投入

企业应建立安全生产投入保障制度，按照有关规定提取和使用安全生产费用，并建立使用台账。

企业应按照有关规定，为从业人员缴纳相关保险费用。企业宜投保安全生产责任保险。

保证必要的安全生产投入是实现安全生产的重要基础。《安全生产法》规定，生产经营单位应当具备的安全生产条件所必需的资金投入。生产经营单位必须安排适当的资金，用于改善安全设施，进行安全教育培训，更新安全技术装备、器材、仪器、仪表以及其他安全生产设备设施，以保证生产经营单位达到法律、法规、标准规定的安全生产条件，并对由于安全生产所必需的资金投入不足导致的后果承担责任。

安全生产投入资金具体由谁来保证，应根据企业的性质而定。一般说来，股份制企业、合资企业等安全生产投入资金由董事会予以保证；一般国有企业由厂长或者经理予以保证；个体工商户等个体经济组织由投资人予以保证。上述保证人承担由于安全生产所必需的资金投入不足而导致事故后果的法律责任。

1. 安全生产费用

为了进一步建立和完善安全生产投入的长效机制，在总结经验、广泛调研、征求意见基础上，财政部、国家安全生产监督管理总局对原有的《煤炭生产安全费用提取和使用管理办法》（财建〔2004〕119号）、《关于调整煤炭生产安全费用提取标准，加强煤炭生产安全费用使用管理与监督的通知》（财建〔2005〕168号）、《烟花爆竹生产企业安全费用提取与使用管理办法》（财建〔2006〕180号）和《高危行业企业安全生产费用财务管理暂行办法》（财企〔2006〕478号）进行了整合、修改、补充和完善，形成了统一的《企业安全生产费用提取和使用管理办法》（财企〔2012〕16号），以满足企业安全生产新形势的需求，进一步加强企业安全生产保障能力。新《办法》在原有煤矿、非煤矿山、危险品、烟花爆竹、建筑施工、道路交通等行业基础上，进一步扩大了适用范围，从六大行业扩展到九大行业，新增了冶金、机械制造、武器装备研制生产与试验三类行业（企业）。同时，提高了安全费用的提取标准，扩展了安全费用的使用方向，明确和细化了安全费用的使用范围，为企业安全生产提供了更加坚实的资金保障。安全费用使用不再局限于安全设施，还包括安全生产条件项目及安全生产宣传教育和培训、职业危害预防、井下安全避险、重大危险源监控及隐患治理等预防性投入和减少事故损失的支出，扩展了安全费用对企业安全保障的空间，对企业安全生产发挥了更大的促进作用。

2. 安全生产费用的提取标准

（1）煤炭生产企业依据开采的原煤产量按月提取。各类煤矿原煤单位产量安全费用提取标准如下：煤（岩）与瓦斯（二氧化碳）突出矿井、高瓦斯矿井吨煤 30 元；其他井工矿吨煤 15 元；露天矿吨煤 5 元。矿井瓦斯等级划分按现行《煤矿安全规程》和《矿井瓦斯等级鉴定规范》的规定执行。

（2）非煤矿山开采企业依据开采的原矿产量按月提取。各类矿山原矿单位产量安全费用提取标准如下：石油，每吨原油 17 元；天然气、煤层气（地面开采）每千立方米原气 5 元；金属矿山，其中露天矿山每吨 5 元，地下矿山每吨 10 元；核工业矿山，每吨 25 元；非金属矿山，其中露天矿山每吨 2 元，地下矿山每吨 4 元；小型露天采石场，即年采剥总量 50 万吨以下，且最大开采高度不超过 50 米，产品用于建筑、铺路的山坡型露天采石场，每吨 1 元。

（3）尾矿库按入库尾矿量计算，三等及三等以上尾矿库每吨 1 元，四等及五等尾矿库每吨 1.5 元。原矿产量不含金属、非金属矿山尾矿库和废石场中用于综合利用的尾砂和低品位矿石。地质勘探单位安全费用按地质勘查项目或工程总费用的 2% 提取。

（4）建设工程施工企业以建筑安装工程造价为计提依据。各建设工程类别安全费用提取标准如下：矿山工程为 2.5%；房屋建筑工程、水利水电工程、电力工程、铁路工程、城市轨道交通工程为 2.0%；市政公用工程、冶炼工程、机电安装工程、化工石油工程、港口与航道工程、公路工程、通信工程为 1.5%。建设工程施工企业提取的安全费用列入工程造价，在竞标时，不得删减，列入标外管理。国家对基本建设投资概算另有规定的，从其规定。总包单位应当将安全费用按比例直接支付分包单位并监督使用，分包单位不再重复提取。

（5）危险品生产与储存企业以上年度实际营业收入为计提依据，采取超额累退方式按照以下标准平均逐月提取：营业收入不超过 1 000 万元的，按照 4% 提取；营业收入超过 1 000 万元至 1 亿元的部分，按照 2% 提取；营业收入超过 1 亿元至 10 亿元的部分，按照 0.5% 提取；营业收入超过 10 亿元的部分，按照 0.2% 提取。

（6）交通运输企业以上年度实际营业收入为计提依据，按照以下标准平均逐月提取：普通货运业务按照1%提取；客运业务、管道运输、危险品等特殊货运业务按照1.5%提取。

（7）冶金企业以上年度实际营业收入为计提依据，采取超额累退方式按照以下标准平均逐月提取：营业收入不超过1 000万元的，按照3%提取；营业收入超过1 000万元至1亿元的部分，按照1.5%提取；营业收入超过1亿至10亿元的部分，按照0.5%提取；营业收入超过10亿元至50亿元的部分，按照0.2%提取；营业收入超过50亿元至100亿元的部分，按照0.1%提取；营业收入超过100亿元的部分，按照0.05%提取。

（8）机械制造企业以上年度实际营业收入为计提依据，采取超额累退方式按照以下标准平均逐月提取：营业收入不超过1 000万元的，按照2%提取；营业收入超过1 000万元至1亿元的部分，按照1%提取；营业收入超过1亿元至10亿元的部分，按照0.2%提取；营业收入超过10亿元至50亿元的部分，按照0.1%提取；营业收入超过50亿元的部分，按照0.05%提取。

（9）烟花爆竹生产企业以上年度实际营业收入为计提依据，采取超额累退方式按照以下标准平均逐月提取：营业收入不超过200万元的，按照3.5%提取；营业收入超过200万元至500万元的部分，按照3%提取；营业收入超过500万元至1 000万元的部分，按照2.5%提取；营业收入超过1 000万元的部分，按照2%提取。

（10）武器装备研制生产与试验企业以上年度军品实际营业收入为计提依据，采取超额累退方式按照以下标准平均逐月提取：

1）火炸药及其制品研制、生产与试验企业（包括：含能材料，炸药、火药、推进剂，发动机，弹箭，引信、火工品等）：营业收入不超过1 000万元的，按照5%提取；营业收入超过1 000万元至1亿元的部分，按照3%提取；营业收入超过1亿元至10亿元的部分，按照1%提取；营业收入超过10亿元的部分，按照0.5%提取。

2）核装备及核燃料研制、生产与试验企业：营业收入不超过1 000万元的，按照3%提取；营业收入超过1 000万元至1亿元的部分，按照2%提取；营业收入超过1亿元至10亿元的部分，按照0.5%提取；营业收入超过10亿元的部分，按照0.2%提取；核工程按照3%提取（以工程造价为计提依据，在竞标时，列为标外管理）。

3）军用舰船（含修理）研制、生产与试验企业：营业收入不超过1 000万元的，按照 2.5％提取；营业收入超过 1 000 万元至 1 亿元的部分，按照 1.75％提取；营业收入超过 1 亿元至 10 亿元的部分，按照 0.8％提取；营业收入超过 10 亿元的部分，按照 0.4％提取。

4）飞船、卫星、军用飞机、坦克车辆、火炮、轻武器、大型天线等产品的总体、部分和元器件研制、生产与试验企业：营业收入不超过 1 000 万元的，按照 2％提取；营业收入超过 1 000 万元至 1 亿元的部分，按照 1.5％提取；营业收入超过 1 亿元至 10 亿元的部分，按照 0.5％提取；营业收入超过 10 亿元至 100 亿元的部分，按照 0.2％提取；营业收入超过 100 亿元的部分，按照 0.1％提取。

5）其他军用危险品研制、生产与试验企业：营业收入不超过 1 000 万元的，按照 4％提取；营业收入超过 1 000 万元至 1 亿元的部分，按照 2％提取；营业收入超过 1 亿元至 10 亿元的部分，按照 0.5％提取；营业收入超过 10 亿元的部分，按照 0.2％提取。

（11）中小微型企业和大型企业上年末安全费用结余分别达到本企业上年度营业收入的 5％和 1.5％时，经当地县级以上安全生产监督管理部门、煤矿安全监察机构商财政部门同意，企业本年度可以缓提或少提安全费用。企业规模划分标准按照工业和信息化部、国家统计局、国家发展和改革委员会、财政部《关于印发中小企业划型标准规定的通知》（工信部联企业〔2011〕300 号）规定执行。

（12）企业在上述标准的基础上，根据安全生产实际需要，可适当提高安全费用提取标准。新建企业和投产不足一年的企业以当年实际营业收入为提取依据，按月计提安全费用。混业经营企业，如能按业务类别分别核算的，则以各业务营业收入为计提依据，按上述标准分别提取安全费用；如不能分别核算的，则以全部业务收入为计提依据，按主营业务计提标准提取安全费用。

3. 工伤保险缴费

工伤保险是指职工在生产劳动过程中或在规定的某些与工作密切相关的特殊情况下遭受意外伤害事故、罹患职业病导致死亡或不同程度地丧失劳动能力时，工伤职工或工亡职工近亲属能够从国家、社会得到必要的医疗救助和经济物质补偿。这种补偿既包括医疗所需、康复所需，也包括生活保障所需。

（1）工伤保险的作用。工伤保险是社会保障体系的重要组成部分，工伤保险制度对于保障因生产、工作过程中的事故伤害或患职业病造成伤、残、亡的职工及其供养直系亲属的生活，对于促进企业安全生产，维护社会安定起着重要的作用。主要表现在以下几个方面：

1）保障工伤职工的合法权益。为工伤职工和工亡职工近亲属提供必要的医疗救助和经济物质补偿，是建立、健全工伤保险制度的主要目的之一。通过建立社会共济的工伤保险制度，解决当发生重大事故时，用人单位，特别是一些中小企业因无力支付工伤费用以致工伤职工不能得到及时治疗、康复，工伤职工和工亡职工近亲属基本生活得不到保障的问题，从而保障其合法权益。

2）促进工伤预防与安全生产。目前，我国的工伤保险制度已逐步形成工伤预防、工伤补偿、工伤康复"三位一体"的模式，对工伤预防及工伤职工的职业康复等的关注程度不断提高。据有关部门的统计资料显示，现有的工伤事故和职业病80％是可以通过对安全生产的重视而避免的，说明事故预防工作可以有效地减少职业危害。我国工伤保险制度中通过实行行业差别费率和浮动费率机制，及在工伤保险基金中列支工伤预防费等措施，来促进用人单位加强工伤预防工作，减少工伤事故和职业病的发生，从而保护职工的生命安全和身体健康。

3）分散用人单位的工伤风险。社会保险的一个基本宗旨就是分散风险，这在工伤保险中体现得尤其重要。建立工伤保险制度就是要通过基金的互助互济功能，分散不同用人单位的工伤风险，避免用人单位一旦发生工伤事故便不堪重负，甚至导致破产，工伤职工的合法权益得不到保障。同时，通过工伤保险的社会化管理服务，可以解决用人单位社会负担重的问题，使其公平参加市场竞争。

（2）工伤保险的原则：

1）强制性原则。由于工伤会给职工带来痛苦，给家庭带来不幸，也于用人单位乃至国家不利，因此国家通过立法，强制实施工伤保险，规定属于适用范围内的用人单位必须依法参加并履行缴费义务。

2）无过错补偿原则。工伤事故发生后，不管过错在谁，工伤职工均可获得补偿，以保障其及时获得救治和基本生活保障。但这并不妨碍有关部门对事故责任人的追究，以防止类似事故的重复发生。

3）个人不缴费原则。这是工伤保险与养老、医疗、失业等其他社会保险项目的区别之处。由于职业伤害是在工作过程中造成的，劳动力是生产的重要要素，职工为用人单位创造财富的同时付出了代价，所以理应由用人单位负担全部工伤保险费，职工个人不缴纳任何费用。

4）风险分担、互助互济原则。通过法律强制征收保险费，建立工伤保险基金，采取互助互济的方法，分散风险，缓解部分企业、行业因工伤事故或职业病所产生的负担，从而减少社会矛盾。

5）实行行业差别费率和浮动费率原则。为强化不同工伤风险类别行业相对应的雇主责任，充分发挥缴费费率的经济杠杆作用，促进工伤预防，减少工伤事故，工伤保险实行行业差别费率，并根据用人单位工伤保险费支缴率和工伤事故发生率等因素实行浮动费率。

6）补偿与预防、康复相结合的原则。工伤补偿、工伤预防与工伤康复三者是密切相连的，构成了工伤保险制度的 3 个支柱。工伤预防是工伤保险制度的重要内容，工伤保险制度致力于采取各种措施，以减少和预防事故的发生。工伤事故发生后，及时对工伤职工予以医治并给予经济补偿，使工伤职工本人或家族成员生活得到一定的保障，是工伤保险制度基本的功能。同时，要及时对工伤职工进行医学康复和职业康复，使其尽可能恢复或部分恢复劳动能力，具备从事某种职业的能力，能够自食其力，这可以减少人力资源和社会资源的浪费。

7）一次性补偿与长期补偿相结合原则。对工伤职工或工亡职工的近亲属，工伤保险待遇实行一次性补偿与长期补偿相结合的办法。如对高伤残等级的职工、工亡职工的近亲属，工伤保险机构一般在支付一次性补偿项目的同时，还按月支付长期待遇，直至其失去供养条件为止。这种一次性和长期补偿相结合的补偿办法，可以长期、有效地保障工伤职工及工亡职工近亲属的基本生活。

（3）参保缴费。在我国，工伤保险费由用人单位按时缴纳，职工个人不缴费。用人单位缴纳工伤保险费的数额为本单位职工工资总额乘以单位缴费费率之积。对难以按照工资总额缴纳工伤保险费的行业，其缴纳工伤保险费的具体方式，由国务院社会保险行政部门规定。

1）缴费范围。依据《中华人民共和国社会保险法》，现行的《工伤保险条例》第二条规定："中华人民共和国境内的企业、事业单位、社会团体、民办非企业单位、基金会、律师事务所、会计师事务所等组织和有雇工的个体工商户（以下称用人单位）应当依照本条例规定参加工伤保险，为本单位全部职工或者雇工（以下称职工）缴纳工伤保险费。"

条例中所指企业包括在中国境内所有形式的企业，按照所有制划分，有国有企业、集体所有制企业、私营企业和外资企业；按照所在地域划分，有城镇企业、乡镇企业和境外企业；按照企业的组织形式划分，有公司、合伙、个人独资企业等。事业单位是指除参照公务员法管理之外的其他依照《事业单位登记管理暂行条例》的有关规定，在机构编制管理机关登记为事业单位，且没有改为由工商行政管理登记为企业的事业单位，主要包括基础科研、教育、文化、卫生、广播电视等领域的单位。民办非企业单位是指依照 1998 年 10 月 25 日国务院公布施行的《民办非企业单位登记管理暂行条例》的规定，在民政部门登记为民办非企业单位，由企业事业单位、社会团体及公民个人利用非国有资产举办的，从事非营利社会服务活动的社会组织，如民办学校、民办医院等。社会团体是指依照 1998 年 10 月 25 日国务院公布施行 2016 年修订的《社会团体登记管理条例》的规定，在民政部门登记为社会团体，中国公民自愿组成，为实现会员共同意愿，按照章程开展活动的非营利性社会组织。律师事务所是指根据《中华人民共和国律师法》设立的律师执业机构，主要分为合伙、个人以及国家出资设立的律师事务所三类。会计师事务所是指根据《中华人民共和国注册会计师法》的规定，依法设立并承办会计师事务的机构。基金会是指根据 2004 年 2 月 4 日国务院公布的《基金会管理条例》的规定，利用自然人、法人或者其他组织捐赠的财产，以从事公益事业为目的的非营利性法人。基金会分为面向公众募捐的基金会和不面向公众募捐的基金会。个体工商户是指在工商行政管理部门进行了登记并且雇用人数在 7 人以下，开展工商业活动的自然人。

职工是指与用人单位存在劳动关系（包括事实劳动关系）的各种用工形式和各种用工期限的劳动者。

2）缴费基数。工伤保险费的缴费基数为本单位职工工资总额。用人单位一般以本单位职工上年度月平均工资总额为缴费基数。企业缴费基数低于统筹地区上年度社会月平均工资总额 60％的，按 60％征缴；高于统筹地区上年度社会月平均工资总额 300％的，按 300％征缴。

职工工资总额是指各类企业、有雇工的个体工商户直接支付给本单位全部职工的劳动报酬的总额。根据国家统计局的有关规定，工资总额的组成包括 6 个部分：计时工资、计件工资、奖金、津贴和补贴、加班加点工资和特殊情况下支付的工资。但不包括以下 3 个部分的费用：单位支付给劳动者个人的社会保险福利费用，例如丧葬费、生活困难补助、计划生育补贴等；劳动保护方面的费用，如防暑降温费等；按规定未列入工资总额的各种劳动报酬和其他劳动收入，如稿酬、讲课费、资料翻译费等。

3）工伤保险费率。工伤保险费率是指工伤保险经办机构向用人单位征收的工伤保险费与工资总额的一定比率。目前我国工伤保险费的征缴按照以支定收、收支平衡的原则，实行"行业差别费率"和"行业内费率档次"。国家根据不同行业的工伤风险程度确定行业的差别费率，并根据工伤保险费使用、工伤发生率等情况在每个行业内确定若干费率档次。"行业差别费率"和"行业内费率档次"由国务院社会保险行政部门制定，报国务院批准后公布施行。

2015年7月22日，人力资源和社会保障部、财政部下发《关于调整工伤保险费率政策的通知》（人社部发〔2015〕71号），自2015年10月1日起，调整现行工伤保险费率政策。通知中规定，按照《国民经济行业分类》（GB/T 4754—2011）对行业的划分，根据不同行业的工伤风险程度，由低到高，依次将行业工伤风险类别划分为一类至八类。不同工伤风险类别的行业执行不同的工伤保险行业基准费率。各行业工伤风险类别对应的全国工伤保险行业基准费率为，一类至八类分别控制在该行业用人单位职工工资总额的0.2%、0.4%、0.7%、0.9%、1.1%、1.3%、1.6%、1.9%左右。通过费率浮动的办法确定每个行业内的费率档次。一类行业分为三个档次，即在基准费率的基础上，可向上浮动至120%、150%；二类至八类行业分为五个档次，即在基准费率的基础上，可分别向上浮动至120%、150%或向下浮动至80%、50%。

各统筹地区人力资源社会保障部门要会同财政部门，按照"以支定收、收支平衡"的原则，合理确定本地区工伤保险行业基准费率具体标准，并征求工会组织、用人单位代表的意见，报统筹地区人民政府批准后实施。基准费率的具体标准可根据统筹地区经济产业结构变动、工伤保险费使用等情况适时调整。

统筹地区社会保险经办机构根据用人单位工伤保险费使用、工伤发生率、职业病危害程度等因素，确定其工伤保险费率，并可依据上述因素变化情况，每一至三年确定其在所属行业不同费率档次间是否浮动。对符合浮动条件的用人单位，每次可上下浮动一档或两档。统筹地区工伤保险最低费率不低于本地区一类风险行业基准费率。费率浮动的具体办法由统筹地区人力资源社会保障部门商财政部门制定，并征求工会组织、用人单位代表的意见。

各统筹地区确定的工伤保险行业基准费率具体标准、费率浮动具体办法，应报省级人力资源社会保障部门和财政部门备案并接受指导。省级人力资源社会保障部门、财政部门应每年将各统筹地区工伤保险行业基准费率标准确定和变化以及浮动费率实施情况汇总报人力资源和社会保障部、财政部。

4）变通缴费方式。一些特殊的行业、企业及其用工群体，按照用人单位工资总额的一定比例缴纳工伤保险费，在实际操作中存在着困难。这样的行业主要有两类：一是流动性大、工作场所不固定、工资支付形式多样且由于专业承包、劳务分包，使工资总额计算困难的建筑施工企业。一些中、小矿山企业也存在类似情况。二是受市场竞争影响非常大的商贸、餐饮等服务行业企业，员工流动性大，用人规模波动性大。为适应这些行业企业的特点，方便这些行业企业参保缴费，《工伤保险条例》授权国务院社会保险行政部门对这些行业企业缴纳工伤保险费的具体方式加以规定。根据这一授权，人力资源和社会保障部制定了《部分行业企业工伤保险费缴纳办法》（人社部令第10号），结合实践中的变通做法，作出缴费的具体规定，如建筑施工企业可以实行以建筑施工项目为单位，按照项目工程总造价的一定比例，计算缴纳工伤保险费。商贸、餐饮、住宿、美容美发、洗浴以及文体娱乐等小型服务业企业以及有雇工的个体工商户，可以按照营业面积的大小核定应参保人数，按照所在统筹地区上一年度职工月平均工资的一定比例和相应的费率，计算缴纳工伤保险费；也可以按照营业额的一定比例计算缴纳工伤保险费。小型矿山企业可以按照总产量、吨矿工资含量和相应的费率计算缴纳工伤保险费。

4. 安全生产责任保险

安全生产责任保险是在综合分析研究工伤社会保险、各种商业保险的基础上，借鉴国际上一些国家通行的做法和经验，提出来的一种带有一定公益性质、采取政府推动、立法强制实施、由商业保险机构专业化运营的新的保险险种和制度。它的特点是强调各方主动参与事故预防，积极发挥保险机构的社会责任和社会管理功能，运用行业的差别费率和企业的浮动费率以及预防费用机制，实现安全与保险的良性互动。推进安全生产责任保险的目的是将保险的风险管理职能引入安全生产监管体系，实现风险专业化管理与安全监管监察工作的有机结合，通过强化事前风险防范，最终减少事故发生，促进安全生产，提高安全生产突发事件的应对处置能力。

（1）参保企业及保险范围。原则上要求煤矿、非煤矿山、危险化学品、烟花爆竹、公共聚集场所等高危及重点行业推进安全生产责任保险。保险范围主要是事故死亡人员和伤残人员的经济赔偿、事故应急救援和善后处理费用。对伤残人员的赔偿，可参考有关部门鉴定的伤残等级确定不同的赔付标准，并在保险产品合同中载明。

（2）保额的确定与调整。由各省（区、市）根据本地区的经济发展水平和安全生产实际状况分别制定统一的保额标准。目前，原则上保额的低限不得小于 20 万元/人。

（3）费率的确定与浮动。首次安全生产责任保险的费率可以根据本地区确定的保额标准和本地区、行业前 3 年生产安全事故死亡、伤残的平均人数进行科学测算。各地区、行业安全生产责任保险的费率根据上年安全生产状况实行一年浮动一次。具体费率执行标准及费率浮动办法由省级安全生产监督管理部门和煤矿安全监察机构会同有关保险机构共同研究制定。

（4）处理好安全生产责任保险与风险抵押金的关系。安全生产风险抵押金是安全生产责任保险的一种初级形式，在推进安全生产责任保险时，要按照《国务院关于保险业改革发展的若干意见》（国发〔2006〕23 号）文件要求继续完善这项制度。原则上企业可以在购买安全生产责任保险与缴纳风险抵押金中任选其一。已缴纳风险抵押金的企业可以在企业自愿的情况下，将风险抵押金转换成安全生产责任保险。未缴纳安全生产风险抵押金的企业，如果购买了安全生产责任保险，可不再缴纳安全生产风险抵押金。

（5）有关保险险种的调整与转换。安全生产责任保险与工伤社会保险是并行关系，是对工伤社会保险的必要补充。安全生产责任保险与意外伤害保险、雇主责任保险等其他险种是替代关系。生产经营单位已购买意外伤害保险、雇主责任保险等其他险种的，可以通过与保险公司协商，适时调整为安全生产责任保险，或到期自动终止，转投安全生产责任保险。

（6）发挥中介机构的作用。在推进安全生产责任保险工作中，可以根据需要选择保险经纪公司代理保险的投保、赔付、参与事故预防工作等相关事宜。鼓励选择有实力、有信誉、有良好服务水平的保险经纪公司代理保险业务，发挥保险经纪公司专业化服务的作用。

（7）保险公司和保险经纪公司的准入。安全生产责任保险是一项新的制度和险种，涉及的领域多、范围广，社会敏感性大，有的事故赔付额度巨大，必须选择有条件的保险公司、保险经纪公司进行投保。国家安全生产监督管理总局将组织有关专家对申请办理安全生产责任保险的保险机构资质进行审核，并公布审核结果。已经选择保险机构开展投保业务的地区，省级安全生产监督管理部门、煤矿安全监察机构要将选择情况报国家安全生产监督管理总局备案。

（8）加大在煤炭行业推进安全生产责任保险的力度，并逐步推广到其他高危行业。煤炭行业作为一个危险性较大的特殊行业，推进安全生产责任保险有较好的基础和成功的经验。依据有关法律、法规和国务院有关规定，在煤炭行业推进安全生产责任保险，各方面的条件比较成熟，应采取有效措施，加大力度，积极推进。非煤矿山、建筑施工、危险化学品、烟花爆竹等高危行业也要积极推进安全生产责任保险。

五、 安全文化建设

企业应开展安全文化建设，确立本企业的安全生产和职业病危害防治理念及行为准则，并教育、引导全体人员贯彻执行。

企业开展安全文化建设活动，应符合 AQ/T 9004 的规定。

企业安全文化是指被企业组织的员工群体所共享的安全价值观、态度、道德和行为规范组成的统一体，企业安全文化建设是通过综合的组织管理等手段，使企业的安全文化不断进步和发展的过程。

1. 企业安全文化建设的要素

（1）安全承诺。企业应建立包括安全价值观、安全愿景、安全使命和安全目标等在内的安全承诺。安全承诺应符合如下几点要求：切合企业特点和实际，反映共同安全志向；明确安全问题在组织内部具有最高优先权；声明所有与企业安全有关的重要活动都追求卓越；含义清晰明了，并被全体员工和相关方所知晓和理解。

（2）企业的领导者应对安全承诺做出有形的表率，应让各级管理者和员工切身感受到领导者对安全承诺的实践。领导者应具备：提供安全工作的领导力，坚持保守决策，以有形的方式表达对安全的关注；在安全生产上真正投入时间和资源；制定安全发展的战略规划以推动安全承诺的实施；接受培训，在与企业相关的安全事务上具有必要的能力；授权组织的各级管理者和员工参与安全生产工作，积极质疑安全问题；安排对安全实践或实施过程的定期审查；与相关方进行沟通和合作。

（3）企业的各级管理者应对安全承诺的实施起到示范和推进作用，形成严谨的制度化工作方法，营造有益于安全的工作氛围，培育重视安全的工作态度。各级管理者应：清晰界定全体员工的岗位安全责任；确保所有与安全相关的活动均采用了安全的工作方法；确保全体员工充分理解并胜任所承担的工作；鼓励和肯定在安全方面的良好态度，注重从差错中学习和获益；在追求卓越的安全绩效、质疑安全问题方面以身作则；接受培训，在推进和辅导员工改进安全绩效上具有必要的能力；保持与相关方的交流合作，促进组织部门之间的沟通与协作。

（4）企业的员工应充分理解和接受企业的安全承诺，并结合岗位工作任务实践这种安全承诺。每个员工应：在本职工作上始终采取安全的方法；对任何与安全相关的工作保持质疑的态度；对任何安全异常和事件保持警觉并主动报告；接受培训，在岗位工作中具有改进安全绩效的能力；与管理者和其他员工进行必要的沟通。

（5）企业应将自己的安全承诺传达到相关方。必要时应要求供应商、承包商等相关方提供相应的安全承诺。

2. 行为规范与程序

（1）企业内部的行为规范是企业安全承诺的具体体现和安全文化建设的基础要求。企业应确保拥有能够达到和维持安全绩效的管理系统，建立清晰界定的组织结构和安全职责体系，有效控制全体员工的行为。行为规范的建立和执行应：体现企业的安全承诺；明确各级各岗位人员在安全生产工作中的职责与权限；细化有关安全生产的各项规章制度和操作程序；行为规范的执行者参与规范系统的建立，熟知自己在组织中的安全角色和责任；由正式文件予以发布；引导员工理解和接受建立行为规范的必要性，知晓由于不遵守规范所引发的潜在不利后果；通过各级管理者或被授权者观测员工行为，实施有效监控和缺陷纠正；广泛听取员工意见，建立持续改进机制。

（2）程序是行为规范的重要组成部分。企业应建立必要的程序，以实现对与安全相关的所有活动进行有效控制的目的。程序的建立和执行应：识别并说明主要的风险，简单易懂，便于实际操作；程序的使用者（必要时包括承包商）参与程序的制定和改进过程，并应清楚理解不遵守程序可导致的潜在不利后果；由正式文件予以发布；通过强化培训，向员工阐明在程序中给出特殊要求的原因；对程序的有效执行保持警觉，即使在生产经营压力很大时，也不能容忍走捷径和违反程序；鼓励员工对程序的执行保持质疑的安全态度，必要时采取更加保守的行动并寻求帮助。

3. 安全行为激励

（1）企业在审查和评估自身安全绩效时，除使用事故发生率等消极指标外，还应使用旨在对安全绩效给予直接认可的积极指标。

（2）员工应该受到鼓励，在任何时间和地点，挑战所遇到的潜在不安全实践，并识别所存在的安全缺陷。对员工所识别的安全缺陷，企业应给予及时处理和反馈。

（3）企业宜建立员工安全绩效评估系统，应建立将安全绩效与工作业绩相结合的奖励制度。审慎对待员工的差错，应避免过多关注错误本身，而应以吸取经验教训为目的。应仔细权衡惩罚措施，避免因处罚而导致员工隐瞒错误。

（4）企业宜在组织内部树立安全榜样或典范，发挥安全行为和安全态度的示范作用。

4. 安全信息传播与沟通

（1）企业应建立安全信息传播系统，综合利用各种传播途径和方式，提高传播效果。

（2）企业应优化安全信息的传播内容，将组织内部有关安全的经验、实践和概念作为传播内容的组成部分。

（3）企业应就安全事项建立良好的沟通程序，确保企业与政府监管机构和相关方、各级管理者与员工、员工相互之间的沟通。沟通应满足：确认有关安全事项的信息已经发送，并被接受方所接收和理解；涉及安全事件的沟通信息应真实、开放；每个员工都应认识到沟通对安全的重要性，从他人处获取信息和向他人传递信息。

5. 自主学习与改进

（1）企业应建立有效的安全学习模式，实现动态发展的安全学习过程，保证安全绩效的持续改进。

（2）企业应建立正式的岗位适任资格评估和培训系统，确保全体员工充分胜任所承担的工作，应：制定人员聘任和选拔程序，保证员工具有岗位适任要求的初始条件；安排必要的培训及定期复训，评估培训效果；培训内容除有关安全知识和技能外，还应包括对严格遵守安全规范的理解，以及个人安全职责的重要意义和因理解偏差或缺乏严谨而产生失误的后果；除借助外部培训机构外，应选拔、训练和聘任内部培训教师，使其成为企业安全文化建设过程的知识和信息传播者。

（3）企业应将与安全相关的任何事件，尤其是人员失误或组织错误事件，当作能够从中汲取经验教训的宝贵机会与信息资源，从而改进行为规范和程序，获得新的知识和能力。

（4）应鼓励员工对安全问题予以关注，进行团队协作，利用既有知识和能力，辨识和分析可供改进的机会，对改进措施提出建议，并在可控条件下授权员工自主改进。

（5）经验教训、改进机会和改进过程的信息宜编写到企业内部培训课程或宣传教育活动的内容中，使员工广泛知晓。

6. 安全事务参与

（1）全体员工都应认识到自己负有对自身和同事安全做出贡献的重要责任。员工对安全事务的参与是落实这种责任的最佳途径。

（2）员工参与的方式可包括但不局限于以下类型：建立在信任和免责基础上的员工微小差错报告机制；成立员工安全改进小组，给予必要的授权、辅导和交流；定期召开有员工代表参加的安全会议，讨论安全绩效和改进行动；开展岗位风险预见性分析和不安全行为或不安全状态的自查自评活动。企业组织应根据自身的特点和需要确定员工参与的形式。

（3）所有承包商对企业的安全绩效改进均可做出贡献。企业应建立让承包商参与安全事务和改进过程的机制，包括：应将与承包商有关的政策纳入安全文化建设的范畴；应加强与承包商的沟通和交流，必要时给予培训，使承包商清楚企业的要求和标准；应让承包商参与工作准备、风险分析和经验反馈等活动；倾听承包商对企业生产经营过程中所存在的安全改进机会的意见。

7. 审核与评估

（1）企业应对自身安全文化建设情况进行定期的全面审核，包括：领导者应定期组织各级管理者评审企业安全文化建设过程的有效性和安全绩效结果；领导者应根据审核结果确定并落实整改不符合、不安全实践和安全缺陷的优先次序，并识别新的改进机会；必要时，应鼓励相关方实施这些优先次序和改进机会，以确保其安全绩效与企业协调一致。

（2）在安全文化建设过程中及审核时，应采用有效的安全文化评估方法，关注安全绩效下滑的前兆，给予及时的控制和改进。

六、 安全生产信息化建设

企业应根据自身实际情况，利用信息化手段加强安全生产管理工作，开展安全生产电子台账管理、重大危险源监控、职业病危害防治、应急管理、安全风险管控和隐患自查自报、安全生产预测预警等信息系统的建设。

当今经济社会各领域，信息已经成为重要的生产要素，渗透到生产经营活动的全过程，融入安全生产管理的各环节。安全生产信息化就是利用信息技术，通过对安全生产领域信息资源的开发利用和交流共享，提高安全生产管理水平，推动安全生产形势稳定好转。

1. 安全生产应用系统

依据企业安全生产现状，将企业安全生产应用系统分为四类：安全管理类、监控监测类、应急管理类和职业卫生类。

（1）安全管理类应用系统。主要包括：

1）安全标准化达标系统。提供安全生产标准化申请、管理和自评等功能。

2）隐患排查治理系统。对企业内部的安全生产隐患进行管理，提供隐患自查、隐患整改、隐患监督以及向安全监管监察机构报送等功能。

3）培训教育管理系统。对企业内部员工进行培训与考核，主要提供培训计划管理、培训材料管理、考试管理等功能。

4）企业安全生产台账管理系统。提供各类安全生产台账编辑、统计、查询、管理与维护等功能。

（2）监控监测类应用系统。主要包括：

1）重大危险源信息监控系统。提供重大危险源备案申请，对内部的重大危险源进行监控管理。

2）安全生产在线监测系统。对企业自身风险点和关键设施设备（含重大危险源）进行监测、分析与评估，如气体、粉尘、温度、湿度、风速、压力、液位、噪声、辐射、人员位置及在岗情况等，并对异常信息进行预警提示。根据安全监管监察机构要求及相关标准，将关键安全参数、视频信号等接入安全生产专网。

（3）应急管理类应用系统。主要包括：

1）应急预案管理系统。对企业内部编制的应急预案进行管理，提供预案编辑、报送、下载、统计、查询和浏览等功能。

2）应急值守管理系统。提供值班安排、事件接报、事件处置、事件报送等功能。

3）应急资源管理系统。对企业自身应急救援设施、救援物资、救援装备、救援力量等资源信息进行管理。

4）应急模拟演练系统。提供企业自身模拟演练计划制订、演练过程控制、演练过程回放、演练流程调整、演练效果评估等功能。

（4）职业卫生类应用系统。主要包括：

1）职业卫生管理系统。提供企业职业卫生档案、职业卫生培训、工作场所职业危害因素检测等信息的编辑、报送、下载、统计、查询和浏览等功能。

2）劳动用品管理系统。提供企业特种劳动防护用品、一般劳动防护用品配备与使用信息管理等功能。

（5）其他应用系统。主要是指企业根据本单位安全生产需要，建设的其他应用系统。

2. 安全生产信息资源

企业安全生产信息资源分为安全管理、监测监控、应急管理和职业卫生四大类，主要来源于企业内部安全生产各类业务运行所产生的数据资源。

（1）安全管理类数据。企业安全管理信息资源包括安全生产标准化、隐患排查治理、培训教育管理和企业安全生产台账四大类。

1）安全生产标准化。主要包括安全生产标准化达标申请、安全生产标准化自评等信息。

2）隐患排查治理。主要包括隐患自查、隐患整改、隐患监督、隐患上报等信息。

3）培训教育。主要包括培训计划、培训材料、培训考试、培训考试成绩等信息。

4）企业安全生产台账。主要包括企业主要负责人台账，安全管理人员台账，安全生产管理资格培训台账，特种作业人员培训、考核、持证台账，特种设备台账，危险源（点）监控管理台账，消防器配置台账等信息。

（2）监测监控类数据。主要包括：

1）重大危险源。主要包括重大危险源基本信息、备案、重大危险源地图等信息。

2）安全生产在线监测。主要包括企业安全生产环境的在线监测历史记录和实时数据、异常、预警等信息。

（3）应急管理类数据。主要包括：

1）应急预案。主要包括企业和部门内部应急预案、应急预案备案结果等信息。

2）应急值守。主要包括值班信息、事件接报、事件处置、事件上报等信息。

3）应急资源。主要包括救援设施、救援物资、救援装备、救援力量等信息。

4）模拟演练。主要包括培训演练计划、演练过程记录、演练流程、演练效果评估等信息。

（4）职业卫生类数据。主要包括：

1）职业卫生管理。主要包含企业职业卫生档案、职业卫生培训、工作场所职业病危害因素检测结果等信息。

2）劳动用品。主要包括特种劳动防护用品、一般劳动防护用品的配备与使用情况等信息。

第二节　制度化管理

一、　法规标准识别

企业应建立安全生产和职业卫生法律法规、标准规范的管理制度，明确主管部门，确定获取的渠道、方式，及时识别和获取适用、有效的法律法规、标准规范，建立安全生产和职业卫生法律法规、标准规范清单和文本数据库。

企业应将适用的安全生产和职业卫生法律法规、标准规范的相关要求转化为本单位的规章制度、操作规程，并及时传达给相关从业人员，确保相关要求落实到位。

随着社会和科技进步，我国工业企业生产环境和生产标准日新月异，而安全生产和职业卫生涉及大到各相关产业领域，小到各生产工种的实际操作，所以国家相关法律法规和技术标准更新较快，企业必须要建立安全生产和职业卫生法律法规、标准规范的管理制度，及时、准确地获取并运用。

企业应制定安全生产和职业卫生法律法规、标准规范的管理制度，各责任部门要建立获取安全生产和职业卫生适用的法律法规及其他要求的有效途径，主动地、经常性地参加政府部门、行业协会或团体组织的与安全生产和职业卫生有关的活动，定期通过数据库、服务机构、媒体、网络等形式获取国家的有关安全生产和职业卫生方面的规定，并将获取的规定进行识别和定期更新，确保当前使用的规定是有效的。各责任单位将获取的规定要认真保管，及时组织相关单位、部门人员进行宣传和培训，提高从业人员的守法意识，规范安全生产和职业卫生行为。此外，有关部门还要将企业适用的安全生产和职业卫生法律法规、标准及其他要求传达给外来施工单位、供应商、销售商等相关方。

企业应每年组织一次对适用的安全生产和职业卫生法律、法规、标准及其他要求进行符合性评价，消除违规现象和行为，从而确保企业和从业人员相关方能够按照法律、法规的要求进行安全生产和职业卫生并开展业务活动，对于不符合的安全生产和职业卫生法律、法规、标准及其他要求，要及时做出标识和处理。

二、 规章制度

企业应建立健全安全生产和职业卫生规章制度，并征求工会及从业人员意见和建议，规范安全生产和职业卫生管理工作。

企业应确保从业人员及时获取制度文本。

企业安全生产和职业卫生规章制度包括但不限于下列内容：

——目标管理；

——安全生产和职业卫生责任制；

——安全生产承诺；

——安全生产投入；

——安全生产信息化；

——四新（新技术、新材料、新工艺、新设备设施）管理；

——文件、记录和档案管理；

——安全风险管理、隐患排查治理；

——职业病危害防治；

——教育培训；

——班组安全活动；

——特种作业人员管理；

——建设项目安全设施、职业病防护设施"三同时"管理；

——设备设施管理；

——施工和检维修安全管理；

——危险物品管理；

——危险作业安全管理；

——安全警示标志管理；

——安全预测预警；

——安全生产奖惩管理；

——相关方安全管理；

——变更管理；

——个体防护用品管理；

——应急管理；

——事故管理；

——安全生产报告；

——绩效评定管理。

企业安全生产和职业卫生规章制度是指企业依据国家有关法律、法规、国家和行业标准，结合生产、经营的安全生产和职业卫生实际，以企业名义起草颁发的有关安全生产和职业卫生的规范性文件。一般包括：规程、标准、规定、措施、办法、制度、指导意见等。

安全生产和职业卫生规章制度是企业贯彻国家有关安全生产和职业卫生法律法规、国家和行业标准，贯彻国家安全生产方针政策的行动指南，是企业有效防范生产、经营过程安全生产和职业卫生风险，保障从业人员安全和健康，加强安全生产和职业卫生管理的重要措施。

1. 建立、健全安全生产和职业卫生规章制度是企业的法定责任

企业是安全生产和职业卫生的责任主体，国家有关法律法规对企业加强安全生产和职业卫生规章制度建设有明确的要求。《安全生产法》规定：生产经营单位必须遵守本法和其他有关安全生产的法律、法规，加强安全生产管理，建立、健全安全生产责任制和安全生产规章制度，改善安全生产条件，推进安全生产标准化建设，提高安全生产水平，确保安全生产。《职业病防治法》规定：工会组织依法对职业病防治工作进行监督，维护劳动者的合法权益。用人单位制定或者修改有关职业病防治的规章制度，应当听取工会组织的意见。用人单位应当建立、健全职业病防治责任制，加强对职业病防治的管理，提高职业病防治水平，对本单位产生的职业病危害承担责任。产生职业病危害的用人单位，应当在醒目位置设置公告栏，公布有关职业病防治的规章制度、

操作规程、职业病危害事故应急救援措施和工作场所职业病危害因素检测结果。

企业安全生产和职业卫生管理规章制度基本可分为三大类：一是以生产经营单位安全生产和职业卫生责任制为核心的全企业性安全生产总则；二是各种单项制度，如安全生产和职业卫生的教育制度、检查制度、安全技术措施计划管理制度、特种作业人员培训制度、危险作业审批制度、伤亡事故管理制度、职业卫生管理制度、特种设备安全管理制度、电气安全管理制度、消防管理制度等；三是岗位安全生产和职业卫生操作规程。

2. 企业安全生产和职业卫生管理规章制度的制定原则

（1）主要负责人负责的原则。安全生产和职业卫生规章制度建设，涉及企业的各个环节和所有人员，只有企业主要负责人亲自组织，才能有效调动企业的所有资源，才能协调各个方面的关系。同时，我国安全生产和职业卫生的法律、法规有明确规定，如《安全生产法》规定：建立、健全本单位安全生产责任制；组织制定本单位安全生产规章制度和操作规程，是生产经营单位的主要负责人的职责。

（2）安全第一的原则。"安全第一、预防为主、综合治理"是我国的安全生产方针，也是安全生产客观规律的具体要求。企业要实现安全生产，就必须采取综合治理的措施，在事先防范上下功夫。在生产经营过程中，必须把安全工作放在各项工作的首位，正确处理安全生产和工程进度、经济效益等的关系。只有通过安全生产和职业卫生规章制度建设，才能把这一客观要求，融入企业的体制建设、机制建设、生产经营活动组织的各个环节，落实到生产、经营各项工作中去，才能保障安全生产和职业卫生。

（3）系统性原则。风险来自于生产、经营过程之中，只要生产、经营活动在进行，风险就客观存在。因而，要按照安全系统工程的原理，建立涵盖全员、全过程、全方位的安全规章制度。也就是说安全规章制度应涵盖企业每个环节、每个岗位、每个人；涵盖企业的规划设计、建设安装、生产调试、生产运行、技术改造的全过程；涵盖生产经营全过程的事故预防、应急处置、调查处理等全方位的安全生产和职业卫生规章制度。

（4）规范化和标准化原则。企业安全生产和职业卫生规章制度的建设应实现规范化和标准化管理，以确保安全生产和职业卫生规章制度建设的严密、完整、有序。建立规章制度起草、审核、发布、教育培训、修订的严密的组织管理程序，规章制度编制要做到目的明确，流程清晰，标准明确，具有可操作性，按照系统性原则的要求，建立完整的安全生产和职业卫生规章制度体系。

三、 操作规程

企业应按照有关规定，结合本企业生产工艺、作业任务特点以及岗位作业安全风险与职业病防护要求，编制齐全适用的岗位安全生产和职业卫生操作规程，发放到相关岗位员工，并严格执行。

企业应确保从业人员参与岗位安全生产和职业卫生操作规程的编制和修订工作。

企业应在新技术、新材料、新工艺、新设备设施投入使用前，组织制/修订相应的安全生产和职业卫生操作规程，确保其适宜性和有效性。

1. 法律规定

《安全生产法》规定：生产经营单位的主要负责人应组织制定本单位安全生产规章制度和操作规程，安全生产管理机构以及安全生产管理人员组织或者参与拟订本单位安全生产规章制度、操作规程和生产安全事故应急救援预案。生产经营单位应当对从业人员进行安全生产教育和培训，保证从业人员具备必要的安全生产知识，熟悉有关的安全生产规章制度和安全操作规程，掌握本岗位的安全操作技能，了解事故应急处理措施，知悉自身在安全生产方面的权利和义务。未经安全生产教育和培训合格的从业人员，不得上岗作业。生产经营单位使用被派遣劳动者的，应当将被派遣劳动者纳入本单位从业人员统一管理，对被派遣劳动者进行岗位安全操作规程和安全操作技能的教育和培训。劳务派遣单位应当对被派遣劳动者进行必要的安全生产教育和培训。生产经营单位应当教育和督促从业人员严格执行本单位的安全生产规章制度和安全操作规程；并向从业人员如实告知作业场所和工作岗位存在的危险因素、防范措施以及事故应急措施。从业人员在作业过程中，应当严格遵守本单位的安全生产规章制度和操作规程，服从管理，正确佩戴和使用劳动防护用品。

《职业病防治法》规定：用人单位应当建立、健全职业病防治责任制，加强对职业病防治的管理，提高职业病防治水平，对本单位产生的职业病危害承担责任。产生职业病危害的用人单位，应当在醒目位置设置公告栏，公布有关职业病防治的规章制度、操作规程、职业病危害事故应急救援措施和工作场所职业病危害因素检测结果。用人单位应当对劳动者进行上岗前的职业卫生培训和在岗期间的定期职业卫生培训，普及职业卫生知识，督促劳动者遵守职业病防治法律、法规、规章和操作规程，指导劳动者正确使用职业病防护设备和个人使用的职业病防护用品。劳动者应当学习和掌握相关的职业卫生知识，增强职业病防范意识，遵守职业病防治法律、法规、规章和操作规程，正确使用、维护职业病防护设备和个人使用的职业病防护用品，发现职业病危害事故隐患应当及时报告。

2. 定义

安全生产和职业卫生操作规程是为了保证安全生产而制定的、操作者必须遵守的操作活动规则。它是根据企业的生产性质、机器设备的特点和技术要求，结合具体情况及群众经验制定出的安全操作守则。是企业建立安全制度的基本文件，进行安全教育的重要内容，也是处理伤亡事故的重要依据之一。安全生产和职业卫生操作规程是员工在操作机器设备、调整仪器仪表和其他作业过程中，必须遵守的程序和注意事项。安全生产和职业卫生操作规程是企业规章制度的重要组成部门。操作规程规定了操作过程应该做什么，不该做什么，设施或者环境应该处于什么状态，是员工安全操作的行为规范。

3. 编制的依据

（1）现行的国家、行业安全技术标准和规范、安全规程等。

（2）设备的使用说明书、工作原理资料，以及设计、制造资料。

（3）曾经出现过的危险、事故案例及与本项操作有关的其他不安全因素。

（4）作业环境条件、工作制度、安全生产责任制等。

4. 编写内容

搜集以上相关资料后，就可以进行安全生产和职业卫生操作规程的编写了。安全生产和职业卫生操作规程的内容应该简练、易懂、易记。条目的先后顺序力求与操作顺序一致。安全生产和职业卫生操作规程一般包括以下几项内容：

（1）操作前的准备，包括操作前做哪些检查，机器设备和环境应该处于什么状态，应做哪些调查，准备哪些工具等。

（2）劳动防护用品的穿戴要求，应该和禁止穿戴的防护用品种类，以及如何穿戴等。

（3）操作的先后顺序、方式。

（4）操作过程中机器设备的状态，如手柄、开关所处的位置等。

（5）操作过程需要进行哪些测试和调整，如何进行。

（6）操作人员所处的位置和操作时的规范姿势。

（7）操作过程中有哪些必须禁止的行为。

（8）一些特殊要求。

（9）异常情况如何处理。

（10）其他要求。

5. 编写方法

在安全生产和职业卫生操作规程的编写方法上应从以下几个方面考虑：

（1）要考虑岗位有哪些危险和有害因素并全部罗列出来，以此为编写依据，有针对性地不准操作工人去接触这些危险部位和有害因素，防止产生不良后果。例如开车时不准或禁止用手去触摸某运动件，以防轧伤手指。又如上班前必须戴好防护口罩，以防发生苯中毒。

（2）要考虑各岗位工人的不安全行为产生而滋生新的不安全问题。机器在运转中可能产生螺母松动、轴与轴承磨损现象，引起机件走动，引发间接事故。螺母松动和轴与轴承磨损有时与装配质量有关，因此要求工人保证装配质量，控制事故发生。例如装配机件时，要拧紧皮带轮固定螺母，防止回转时松动飞出去伤人。

（3）要考虑事故防不胜防，要提请操作工人注意安全，防止意外事故发生。尽管人的不安全行为和物的不安全状态都控制得很好，编写时还要增加注意安全方面的条款。例如抬笨重物品时应先检查绳索，杠棒是否牢固，两人要前呼后应，步调一致，防止下落砸伤腿脚。又如检修时，应切断电源，挂上"不准开车"指示牌，以防他人误开车发生人身事故。

（4）要考虑设备可能出现故障，停车后操作工要弄清通知对象。例如机器运转时，闻到焦味，听到异响应及时关车报告当班班长。又如电气设备发生故障，应通知电工，不准自行修理。

（5）要考虑作业连贯、安全性、整体性，把连贯中的每个工作环节可能出现的不安全问题都考虑进去，形成完整安全方案。例如不准酒后登高；登高时，不准穿易滑的鞋子。编写时遇有作业连贯性或者作业过程中出现多种个人行为，物的状态变化，或环境因素影响，不能漏项、缺项，以利于责任追究和考核。

6. 编写要求

（1）调查本企业现行的生产工艺、已投入生产的生产设备（设施）、在用的工具、作业场所环境等有关资料及情况。

（2）根据本企业生产工艺规程确定的生产工艺、生产工艺流程和作业场所环境条件，对全部生产岗位的全部生产操作的全过程，主要应用伤亡事故致因理论中的能量错误释放理论和轨迹交叉理论进行危险、危害辨识，要在已确定生产工艺、生产工艺流程和作业场所环境条件的前提下，在进行了危险、危害辨识的基础上制定安全生产和职业卫生操作规程，使所制定的安全生产和职业卫生操作规程科学合理、有安全性、切实可行、有可操作性，实施以后能有效控制不安全行为，确保避免伤亡事故；确保避免因操作不当导致设备损坏，因设备损坏而导致伤亡事故。

（3）要吸取事故（包括本企业曾发生的事故和尽可能搜集到的同行业、同类型单位曾发生的事故）教训，把处理事故时制定的防止重复性事故的措施中有关规范、约束操作者行为的措施写进安全生产和职业卫生操作规程。

（4）安全生产和职业卫生操作规程不能只作原则性或抽象的规定，不能只明确"不准干什么、不准怎样干"而不明确"应怎样干"，不能留有让从业人员"想当然、自由发挥"的余地。

（5）安全生产和职业卫生操作规程中的要求和规定不能突出了重点而放弃了次点，要具体详尽，宜细不宜粗，能细则细；应有可操作性，应明确操作中必需的操作、禁止的操作、必需的操作步骤、操作方法、操作注意事项和正确使用劳动防护用品的要求以及出现异常时的应急措施。

（6）涉及设备（设施）操作的安全生产和职业卫生操作规程应包括如何正确操纵设备（设施），以防止因操作不当而导致设备（设施）损坏事故的规定。

（7）安全生产和职业卫生操作规程的文字表述要直观、简明，便于操作者理解、掌握和记忆。

四、 文档管理

1. 记录管理

企业应建立文件和记录管理制度，明确安全生产和职业卫生规章制度、操作规程的编制、评审、发布、使用、修订、作废以及文件和记录管理的职责、程序和要求。

企业应建立健全主要安全生产和职业卫生过程与结果的记录，并建立和保存有关记录的电子档案，支持查询和检索，便于自身管理使用和行业主管部门调取检查。

（1）安全生产和职业卫生档案的作用。安全生产和职业卫生档案记录的是反映一个单位安全生产和职业卫生管理的情况，同时也反映了该单位安全生产和职业卫生管理上的水平，在档案的记录、整理和积累过程中不但能起到支持查询和检索的功能，还能起到自我督促、强化安全生产和职业卫生管理的作用。安全生产和职业卫生档案应由企业指定专人负责，保证资料收集的及时、准确、齐全。

（2）归档文件质量要求：

1）归档的文件材料必须是办理完毕、齐全完整、具有保存价值。

2）本部门主办的文件，必须归档保存原件，确无原件的，须在备考表中予以说明。

3）归档的文件所使用的书写材料、纸张、装订材料应符合档案保护要求。

4）已破损的文件应予修复，字迹模糊或易褪色的文件应予复制。

5）电子文件形成单位必须将具有永久和长期保存价值的电子文件，制成纸质文件与原电子文件的存储载体一同归档，并使两者建立互联。

6）归档的电子文件应存储到符合保管要求的脱机载体上。归档保存的电子文件一般不加密，必须加密归档的电子文件应与其解密软件和说明文件一同归档。

企业应根据本单位实际情况，对归档文件进行科学系统的分类、排列、编目和保管，采用先进技术和管理方法，推动文档一体化进程，实现档案管理现代化。

安全生产和职业卫生档案可按年度、组织机构、保管期限分类，按形成时间顺序排列，或采用适合本单位的档案分类方案，按件整理。

2. 评估

企业应每年至少评估一次安全生产和职业卫生法律法规、标准规范、规章制度、操作规程的适用性、有效性和执行情况。

企业应将目前现有的和修订的安全生产和职业卫生法律法规、标准规范、规章制度、操作规程发放到各相关部门，以规范从业人员的安全行为。同时，每1～3年至少应对现有的安全生产和职业卫生法律法规、标准规范、规章制度、操作规程进行一次评审，以便于需要时及时修订。

根据企业的发展情况及时制定适用的安全生产规章制度和岗位安全操作规程，在发生以下情况时，应及时对相关的规章制度或操作规程进行评审、修订，以保证即时性和适用性。

（1）当国家安全生产法律、法规、规程、标准废止、修订或新颁布时。

（2）当企业归属、体制、规模发生重大变化时。

（3）当生产设施新建、扩建、改建时。

（4）当工艺、技术路线和装置配备发生变更时。

（5）当上级安全生产监督管理部门提出相关整改意见时。

（6）当安全检查、风险评估过程中发现涉及规章制度层面的问题时。

（7）当分析重大事故和重复事故原因，出现制度性因素时。

（8）其他事项，需要修订和评审时。

一般来说，应由企业安全生产和职业卫生管理小组负责组织相关管理人员、技术人员、操作人员和工会代表参加安全生产和职业卫生规章制度和操作规程的评审。

3. 修订

企业应根据评估结果、安全检查情况、自评结果、评审情况、事故情况等，及时修订安全生产和职业卫生规章制度、操作规程。

企业应根据评审结果，或根据生产工艺、技术、设备特点和原材料、辅助材料、产品的危险性变更，及时修订安全生产和职业卫生规章制度、操作规程，以规范从业人员的操作行为、控制风险、避免事故的发生。应根据生产情况以及工艺、原料、装置等的增加情况，及时对相关的岗位操作规程进行评审，需要时应进行修订，以确保规程的适用性和有效性。

新工艺、新技术、新装置投产前，企业相关部门应组织编制新的安全生产和职业卫生规章制度，并发放给有关的岗位指导工作。安全生产和职业卫生规章制度和岗位安全操作规程无论是新制定还是修订后的，除各部门使用落实外，均应提供副本存档。

修订后的安全生产和职业卫生规章制度和岗位安全操作规程应由企业主要负责人负责审批、签发。

第三节 教育培训

一、 教育培训管理

企业应建立健全安全教育培训制度，按照有关规定进行培训。培训大纲、内容、时间应满足有关标准的规定。

企业安全教育培训应包括安全生产和职业卫生的内容。

企业应明确安全教育培训主管部门，定期识别安全教育培训需求，制订、实施安全教育培训计划，并保证必要的安全教育培训资源。

企业应如实记录全体从业人员的安全教育和培训情况，建立安全教育培训档案和从业人员个人安全教育培训档案，并对培训效果进行评估和改进。

《安全生产法》规定：生产经营单位应当对从业人员进行安全生产教育和培训，保证从业人员具备必要的安全生产知识，熟悉有关的安全生产规章制度和安全操作规程，掌握本岗位的安全操作技能，了解事故应急处理措施，知悉自身在安全生产方面的权利和义务。未经安全生产教育和培训合格的从业人员，不得上岗作业。生产经营单位使用被派遣劳动者的，应当将被派遣劳动者纳入本单位从业人员统一管理，对被派遣劳动者进行岗位安全操作规程和安全操作技能的教育和培训。劳务派遣单位应当对被派遣劳动者进行必要的安全生产教育和培训。生产经营单位接收中等职业学校、高等学校学生实习的，应当对实习学生进行相应的安全生产教育和培训，提供必要的劳动防护用品。学校应当协助生产经营单位对实习学生进行安全生产教育和培训。

生产经营单位应当建立安全生产教育和培训档案，如实记录安全生产教育和培训的时间、内容、参加人员以及考核结果等情况。生产经营单位采用新工艺、新技术、新材料或者使用新设备，必须了解、掌握其安全技术特性，采取有效的安全防护措施，并对从业人员进行专门的安全生产教育和培训。从业人员应当接受安全生产教育和培训，掌握本职工作所需的安全生产知识，提高安全生产技能，增强事故预防和应急处理能力。

安全教育是企业安全生产工作的重要内容，坚持安全教育制度，搞好对全体职工的安全教育，对提高企业安全生产水平具有重要作用。

（1）统一思想，提高认识。通过教育，把全厂职工的思想统一到"安全第一、预防为主、综合治理"的方针上来，使企业的经营管理者和各级领导真正把安全摆在"第一"的位置，在企业经营管理活动中坚持"五同时（在计划、布置、检查、总结、评比生产工作的同时进行计划、布置、检查、总结、评比安全工作）"的基本原则；使广大职工认识安全生产的重要性，从"要我安全"变为"我要安全""我会安全"，做到"三不伤害"，即"我不伤害自己，我不伤害他人，我不被他人伤害"。提高企业自觉抵制"三违（违章指挥、违规作业和违反纪律）"现象的能力。

（2）提高企业的安全生产管理水平。安全生产管理包括对全体职工的安全管理，对设备、设施的安全技术管理和对作业环境的劳动卫生管理。通过安全教育，提高各级领导干部的安全生产政策水平，掌握有关安全生产法规、制度，学习应用先进的安全生产管理方法、手段，提高全体职工在各自工作范围内，对设备、设施和作业环境的安全生产管理能力。

（3）提高全体职工的安全知识水平和安全技能。安全知识包括对生产活动中存在的各类危险因素和危险源的辨识、分析、预防、控制知识，安全技能包括安全操作的技巧、紧急状态的应变能力以及事故状态的急救、自救和处理能力。通过安全教育，使广大职工掌握安全生产知识，提高安全操作水平，发挥自防自控的自我保护及相互保护作用，有效地防止事故。

鉴于企业经济实力和科技水平，设备、设施的安全状态尚未达到本质安全的程度，坚持不断地进行安全教育，减少和控制人的不安全行为，就显得尤为重要。

二、 人员教育培训

1. 主要负责人和管理人员

企业的主要负责人和安全生产管理人员应具备与本企业所从事的生产经营活动相适应的安全生产和职业卫生知识与能力。

企业应对各级管理人员进行教育培训，确保其具备正确履行岗位安全生产和职业卫生职责的知识与能力。

法律法规要求考核其安全生产和职业卫生知识与能力的人员，应按照有关规定经

考核合格。

企业主要负责人、安全生产和职业卫生管理人员应当接受安全培训，具备与所从事的生产经营活动相适应的安全生产和职业卫生知识和管理能力。

（1）企业主要负责人安全培训应当包括下列内容：

1）国家安全生产方针、政策和有关安全生产和职业卫生的法律、法规、规章及标准。

2）安全生产和职业卫生管理基本知识、安全生产技术、安全生产专业知识。

3）重大危险源管理、重大事故防范、应急管理和救援组织以及事故调查处理的有关规定。

4）职业危害及其预防措施。

5）国内外先进的安全生产和职业卫生管理经验。

6）典型事故和应急救援案例分析。

7）其他需要培训的内容。

（2）企业安全生产和职业卫生管理人员安全培训应当包括下列内容：

1）国家安全生产方针、政策和有关安全生产和职业卫生的法律、法规、规章及标准。

2）安全生产管理、安全生产技术、职业卫生等知识。

3）伤亡事故统计、报告及职业危害的调查处理方法。

4）应急管理、应急预案编制以及应急处置的内容和要求。

5）国内外先进的安全生产和职业卫生管理经验。

6）典型事故和应急救援案例分析。

7）其他需要培训的内容。

企业主要负责人、安全生产和职业卫生管理人员初次安全培训时间不得少于32学时。每年再培训时间不得少于12学时。煤矿、非煤矿山、危险化学品、烟花爆竹、金属冶炼等企业主要负责人、安全生产和职业卫生管理人员初次安全培训时间不得少于48学时，每年再培训时间不得少于16学时。

企业主要负责人、安全生产和职业卫生管理人员的安全培训必须依照安全生产监管监察部门制定的安全培训大纲实施。非煤矿山、危险化学品、烟花爆竹、金属冶炼等企业主要负责人、安全生产和职业卫生管理人员的安全培训大纲及考核标准由国家安全生产监督管理总局统一制定。煤矿主要负责人、安全生产和职业卫生管理人员的安全培训大纲及考核标准由国家煤矿安全监察局制定。煤矿、非煤矿山、危险化学品、烟花爆竹、金属冶炼以外的其他企业主要负责人、安全生产和职业卫生管理人员的安全培训大纲及考核标准，由省、自治区、直辖市安全生产监督管理部门制定。

2. 从业人员

企业应对从业人员进行安全生产和职业卫生教育培训，保证从业人员具备满足岗位要求的安全生产和职业卫生知识，熟悉有关的安全生产和职业卫生法律、法规、规章制度、操作规程，掌握本岗位的安全操作技能和职业危害防护技能、安全风险辨识和管控方法，了解事故现场应急处置措施，并根据实际需要，定期进行复训考核。

未经安全教育培训合格的从业人员，不应上岗作业。

煤矿、非煤矿山、危险化学品、烟花爆竹、金属冶炼等企业应对新上岗的临时工、合同工、劳务工、轮换工、协议工等进行强制性安全培训，保证其具备本岗位安全操作、自救互救以及应急处置所需的知识和技能后，方能安排上岗作业。

企业的新入厂（矿）从业人员上岗前应经过厂（矿）、车间（工段、区、队）、班组三级安全培训教育，岗前安全教育培训学时和内容应符合国家和行业的有关规定。

在新工艺、新技术、新材料、新设备设施投入使用前，企业应对有关从业人员进行专门的安全生产和职业卫生教育培训，确保其具备相应的安全操作、事故预防和应急处置能力。

从业人员在企业内部调整工作岗位或离岗一年以上重新上岗时，应重新进行车间（工段、区、队）和班组级的安全教育培训。

从事特种作业、特种设备作业的人员应按照有关规定，经专门安全作业培训，考核合格，取得相应资格后，方可上岗作业，并定期接受复审。

企业专职应急救援人员应按照有关规定，经专门应急救援培训，考核合格后，方可上岗，并定期参加复训。

其他从业人员每年应接受再培训，再培训时间和内容应符合国家和地方政府的有关规定。

（1）从业人员培训时间和内容。企业新上岗的从业人员，岗前安全培训时间不得少于24学时。

煤矿、非煤矿山、危险化学品、烟花爆竹、金属冶炼等企业新上岗的从业人员安全培训时间不得少于72学时，每年再培训的时间不得少于20学时。

1）厂（矿）级岗前安全培训内容应当包括：本企业安全生产情况及安全生产基本知识；本企业安全生产规章制度和劳动纪律；从业人员安全生产权利和义务；有关事故案例等。

煤矿、非煤矿山、危险化学品、烟花爆竹、金属冶炼等企业厂（矿）级安全培训除包括上述内容外，应当增加事故应急救援、事故应急预案演练及防范措施等内容。

2）车间（工段、区、队）级岗前安全培训内容应当包括：工作环境及危险因素；所从事工种可能遭受的职业伤害和伤亡事故；所从事工种的安全职责、操作技能及强制性标准；自救互救、急救方法、疏散和现场紧急情况的处理；安全设备设施、个人防护用品的使用和维护；本车间（工段、区、队）安全生产状况及规章制度；预防事故和职业危害的措施及应注意的安全事项；有关事故案例；其他需要培训的内容。

3）班组级岗前安全培训内容应当包括：岗位安全操作规程；岗位之间工作衔接配合的安全与职业卫生事项；有关事故案例；其他需要培训的内容。

（2）特种作业人员培训。特种作业人员上岗前，必须进行专门的安全技术和操作技能的教育培训，增强其安全生产意识，获得证书后方可上岗。

特种作业人员的培训实行全国统一培训大纲、统一考核教材、统一证件的制度。根据国家特种作业目录，特种作业主要包括电工作业类3种、焊接与热切割作业类3种、高处作业类2种、制冷与空调作业类2种、煤矿安全作业类10种、金属非金属矿山作业类8种、石油天然气安全作业类1种、冶金（有色）生产安全作业类1种、危险化学品安全作业类16种、烟花爆竹安全作业类5种以及由安全生产监督管理总局认定的其他作业。共10大类51个工种。

特种作业人员安全技术考核包括安全技术理论考试与实际操作技能考核两部分，以实际操作技能考核为主。《特种作业人员操作证》由国家统一印制，地、市级以上行政主管部门负责签发，全国通用。离开特种作业岗位达6个月以上的特种作业人员，应当重新进行实际操作考核，经确认合格后方可上岗作业。取得《特种作业人员操作证》者，每两年进行一次复审。连续从事本工种10年以上的，经企业进行知识更新教育后，每4年复审1次。复审的内容包括：健康检查，违章记录，安全新知识和事故案例教育，本工种安全知识考试。未按期复审或复审不合格者，其操作证自行失效。

3. 外来人员

企业应对进入企业从事服务和作业活动的承包商、供应商的从业人员和接收的中等职业学校、高等学校实习生，进行入厂（矿）安全教育培训，并保存记录。

外来人员进入作业现场前，应由作业现场所在单位对其进行安全教育培训，并保存记录。主要内容包括：外来人员入厂（矿）有关安全规定、可能接触到的危害因素、所从事作业的安全要求、作业安全风险分析及安全控制措施、职业病危害防护措施、应急知识等。

企业应对进入企业检查、参观、学习等外来人员进行安全教育，主要内容包括：安全规定、可能接触到的危险有害因素、职业病危害防护措施、应急知识等。

煤矿、非煤矿山、危险化学品、烟花爆竹、金属冶炼等企业必须对新上岗的临时工、合同工、劳务工、轮换工、协议工等进行强制性安全培训，保证其具备本岗位安全操作、自救互救以及应急处置所需的知识和技能后，方能安排上岗作业。加工、制造业等生产单位的其他从业人员，在上岗前必须经过厂（矿）、车间（工段、区、队）、班组三级安全培训教育。

企业应当根据工作性质对其他从业人员进行安全培训，保证其具备本岗位安全操作、应急处置等知识和技能。

第四节 现场管理

一、 设备设施管理

1. 设备设施建设

企业总平面布置应符合 GB 50187 的规定，建筑设计防火和建筑灭火器配置应分别符合 GB 50016 和 GB 50140 的规定；建设项目的安全设施和职业病防护设施应与建设项目主体工程同时设计、同时施工、同时投入生产和使用。

企业应按照有关规定进行建设项目安全生产、职业病危害评价，严格履行建设项目安全设施和职业病防护设施设计审查、施工、试运行、竣工验收等管理程序。

（1）GB 50187—2012《工业企业总平面设计规范》中，对工业企业总平面设计原则和技术要求做了统一规范，要求工业企业总平面设计要做到技术先进、生产安全、节约资源、保护环境和布置合理，分别从厂址选择、总体规划、总平面布置、运输线路及码头设置、竖向设计、管线综合布置、绿化布置和主要技术经济指标 8 个方面，详细规定了设计管理要求和技术指标。

（2）GB 50016—2014《建筑设计防火规范》是在 GB 50016—2006《建筑设计防火规范》和 GB 50045—95（2005 年版）《高层民用建筑设计防火规范》的基础上，经整合修订而成。

《建筑设计防火规范》共分 12 章和 3 个附录，主要内容有：生产和储存的火灾危险性分类、高层建筑的分类要求，厂房、仓库、住宅建筑和公共建筑等工业与民用建筑的建筑耐火等级分级及其建筑构件的耐火极限、平面布置、防火分区、防火分隔、建筑防火构造、防火间距和消防设施设置的基本要求，工业建筑防爆的基本措施与要求；工业与民用建筑的疏散距离、疏散宽度、疏散楼梯设置形式、应急照明和疏散指示标志以及安全出口和疏散门设置的基本要求；甲、乙、丙类液体、气体储罐（区）和可燃材料堆场的防火间距、成组布置和储量的基本要求；木结构建筑和城市交通隧道工程防火设计的基本要求，满足灭火救援要求需设置的救援场地、消防车道、消防电梯等设施的基本要求，建筑供暖、通风、空气调节和电气等方面的防火要求以及消防用电设备的电源与配电线路等基本要求。

（3）GB 50140—2005《建筑灭火器配置设计规范》共分为 7 章 13 节，6 个附录，内容主要包括：灭火器配置场所的火灾种类和危险等级，火灾种类、危险等级；灭火器的选择，一般规定、灭火器的类型选择；灭火器的设置，一般规定、灭火器的最大保护距离；灭火器的配置，一般规定、灭火器最低配置标准；灭火器配置设计计算，一般规定、计算单元、配置设计计算等。本规范适用于生产、使用或储存可燃物的新建、改建、扩建的工业与民用建筑工程，不适用于生产或储存炸药、弹药、火工品、花炮的厂房或库房。

（4）"三同时"制度是指一切新建、改建、扩建的基本建设项目（工程）、技术改造项目（工程）、引进的建设项目，其职业安全卫生设施必须符合国家规定的标准，必须与主体工程同时设计、同时施工、同时投入生产和使用。职业安全卫生设施是指为了防止生产安全事故的发生，而采取的消除职业危害因素的设备、装置、防护用具及其他防范技术措施的总称，主要包括安全、卫生设施、个体防护措施和生产性辅助设施。

建设项目"三同时"制度的实施，要求与建设项目配套的劳动安全卫生设施，从项目的可行性研究到设计、施工、试生产、竣工验收到投入使用都应同步进行，都应按"三同时"的规定进行审查验收，具体包括以下内容：

1) 可行性研究。建设单位或可行性研究承担单位在进行建设项目可行性研究时，应同时进行劳动安全卫生论证，并将其作为专门章节编入建设项目可行性研究报告中。同时，将劳动安全卫生设施所需投资纳入投资计划。

在建设项目可行性研究阶段，应按有关要求实施建设项目劳动安全卫生预评价。

对符合下列情况之一的，由建设单位自主选择并委托本建设项目设计单位以外的、有劳动安全卫生预评价资格的机构进行劳动安全卫生预评价：

①大中型或限额以上的建设项目。

②火灾危险性生产类别为甲类的建设项目。

③爆炸危险场所等级为特别危险场所和高度危险场所的建设项目。

④大量生产或使用Ⅰ级、Ⅱ级危害程度的职业性接触毒物的建设项目。

⑤大量生产或使用石棉粉料或含有10％以上游离二氧化硅粉料的建设项目。

⑥安全生产监督管理机构确认的其他危险、危害因素大的建设项目。

建设项目劳动安全卫生评价机构应采用先进、合理的定性、定量评价方法，分析和预测建设项目中潜在的危险、危害因素及其可能造成的后果，提出明确的预防措施，并形成预评价报告。

建设项目劳动安全卫生预评价工作应在建设项目初步设计会审前完成。预评价机构在完成预评价工作并形成预评价报告后，由建设单位将预评价报告交评审单位进行评审后，将预评价报告和评审意见按相关规定一并报送相应级别的安全生产监督管理部门审批。

2) 初步设计。初步设计是说明建设项目的技术经济指标、总图运输、工艺、建筑、采暖通风、给排水、供电、仪表、设备、环境保护、劳动安全卫生、投资概算等设计意图的技术文件（含图样），我国对初步设计的深度有详细规定。

初步设计阶段，设计单位应完成的工作包括以下几项：

①设计单位在编制初步设计文件时，应严格遵守我国有关劳动安全卫生的法律、

法规和标准，并应依据安全生产监督管理机构批复的劳动安全卫生预评价报告中提出的措施建议，同时编制《劳动安全卫生专篇》，完善初步设计。

《劳动安全卫生专篇》的主要内容包括：设计依据；工程概述；建筑及场地布置；生产过程中职业危险、危害因素的分析；劳动安全卫生设计中采用的主要防范措施；劳动安全卫生机构设置及人员配备情况；专用投资概算；建设项目劳动安全卫生预评价的主要结论；预期效果及存在的问题与建议。

②建设单位在初步设计会审前，应向安全生产监督管理部门报送初步设计文件及图样资料。安全生产监督管理部门根据国家有关法规和标准，审查并批复建设项目初步设计文件中《劳动安全卫生专篇》。

③初步设计经安全生产监督管理部门审查批复同意后，建设单位应及时办理《建设项目劳动安全卫生初步设计审批表》。

3）施工。建设单位对承担施工任务的单位提出落实"三同时"规定的具体要求，并负责提供必需的资料和条件。

施工单位应对建设项目的劳动安全卫生设施的工程质量负责。施工中应严格按照施工图纸和设计要求施工，确实做到劳动安全卫生设施与主体工程同时施工、同时投入生产和使用，并确保工程质量。

4）试生产。建设单位在试生产设备调试阶段，应同时对劳动安全卫生设施进行调试和考核，对其效果做出评价。在试生产之前，应进行劳动安全卫生培训教育和考核取证，制定完整的劳动安全卫生方面的规章制度及事故预防和应急处理预案。

建设单位在试生产运行正常后，建设项目预验收前，应自主选择、委托安全生产监督管理机构认可的单位进行劳动条件检测、危害程度分级和有关设备的安全卫生检测、检验，并将试运行中劳动安全卫生设备运行情况、措施的效果、检测检验数据、存在的问题以及采取的措施写入劳动安全卫生验收专题报告，报送安全生产监督管理机构审批。

凡是符合需要进行预评价条件的建设项目，还需根据国家有关安全验收评价的法规要求，由建设单位委托具有资质的机构进行安全验收评价，形成安全验收评价报告，并由建设单位将评价报告交由具备评审资质的机构进行评审和出具评审意见。

5）竣工验收。建设单位在竣工验收之前，应将建设项目劳动安全卫生验收专题报告或验收评价报告及评审意见，按相关规定报送相应级别的安全生产监督管理部门审批。

安全生产监督管理机构根据建设部门报送并审批的建设项目劳动安全卫生验收专题报告或验收评价报告及评审意见，进行预验收或专项审查验收，并提出劳动安全卫生方面的改进意见，直至建设单位按照预验收或专项审查验收改进意见如期整改后，再进行正式竣工验收。

建设项目劳动安全卫生设施和技术措施经安全生产监督管理部门竣工验收通过后，建设单位应及时办理《建设项目劳动安全卫生验收审批表》。

6）投产使用。建设项目正式投产使用后，建设单位必须同时将劳动安全卫生设施进行投产使用。不得擅自将劳动安全卫生设施闲置不用或拆除，并需进行日常维护和保养，确保其效果。

2. 设备设施验收

企业应执行设备设施采购、到货验收制度，购置、使用设计符合要求、质量合格的设备设施。设备设施安装后企业应进行验收，并对相关过程及结果进行记录。

设备安装单位必须建立设备安装工程资料档案，并在验收后 30 日内将有关技术资料移交使用单位，使用单位应将其存入设备的安全技术档案：合同或任务书；设备的安装及验收资料；设备的专项施工方案和技术措施。

设备到货验收时，必须认真检查设备的安全性能是否良好，安全装置是否齐全、有效，还需查验厂家出具的产品质量合格证，设备设计的安全技术规范，安装及使用说明书等资料是否齐全；对于特种施工设备，除具备上述条件外，还必须有国家相关部门出具的检测报告。

各种设备验收，应准备下列技术文件：设备安装、拆卸及试验图示程序和详细说明书；各安全保险装置及限位装置调试和说明书；维修保养及运输说明书；安装操作规程；生产许可证（国家已经实行生产许可的设备）产品鉴定证书、合格证书；配件及配套工具目录；其他注意事项。

设备安装后能正常使用，符合有关规定和使用等技术要求。

3. 设备设施运行

企业应对设备设施进行规范化管理，建立设备设施管理台账。

企业应有专人负责管理各种安全设施以及检测与监测设备，定期检查维护并做好记录。

企业应针对高温、高压和生产、使用、储存易燃、易爆、有毒、有害物质等高风险设备，以及海洋石油开采特种设备和矿山井下特种设备，建立运行、巡检、保养的专项安全管理制度，确保其始终处于安全可靠的运行状态。

安全设施和职业病防护设施不应随意拆除、挪用或弃置不用；确因检维修拆除的，应采取临时安全措施，检维修完毕后立即复原。

生产设备设施的运行管理是在其建设阶段验收合格的基础上，通过制定生产、安全设备设施管理制度，明确管理部门和责任人及各自工作内容，从而确保生产、安全设备设施在使用、检测、检维修等阶段和环节，都能从整体上保证和提高设施的安全性和可靠性。

生产设备设施的运行管理涉及企业的众多设备设施、众多管理部门、众多安全生产规章制度和操作规程、众多台账和检查、维护保养记录等，运行情况的好坏最能体现企业安全管理的能力和水平。

在建设阶段，变更是经常发生的，而生产设备设施的变更往往与工艺的变更、设备变更、产品变更、安装位置的变更等紧密联系在一起。因此企业应制定合理的变更管理制度，按照相关规定和程序来实施变更，控制因变更带来的新危险源和有害因素，甚至影响安全设施"三同时"的监督管理要求。

生产设备设施的变更管理核心和基础是对变更的全过程进行风险辨识、评价和控制。变更过程的风险主要来自变更实施前、实施时及实施后可能对装备的本质安全、工艺安全、操作和管理人员能力要求带来的新风险。变更风险控制主要通过执行变更管理制度，履行变更程序来进行。

变更管理和程序一般包括变更申请、批准、实施、验收等过程，根据变更规模的大小，实施变更还可能涉及可行性研究、设计、施工等过程。

4. 设备设施检维修

企业应建立设备设施检维修管理制度，制订综合检维修计划，加强日常检维修和定期检维修管理，落实"五定"原则，即定检维修方案、定检维修人员、定安全措施、定检维修质量、定检维修进度，并做好记录。

检维修方案应包含作业安全风险分析、控制措施、应急处置措施及安全验收标准。检维修过程中应执行安全控制措施，隔离能量和危险物质，并进行监督检查，检维修后应进行安全确认。检维修过程中涉及危险作业的，应按照危险作业规范执行。

安全设施是指企业（单位）在生产经营活动中，将危险、有害因素控制在安全范围内，以及减少、预防和消除危害所配备的装置（设备）和采取的措施。安全设施主要分为预防事故设施、控制事故设施、减少与消除事故影响设施 3 类。

（1）预防事故设施：

1）检测、报警设施。压力、温度、液位、流量、组分等报警设施，可燃气体、有毒有害气体、氧气等检测和报警设施，用于安全检查和安全数据分析等检验检测设备、仪器。

2）设备安全防护设施。防护罩、防护屏、负荷限制器、行程限制器，制动、限速、防雷、防潮、防晒、防冻、防腐、防渗漏等设施，传动设备安全锁闭设施，电器过载保护设施，静电接地设施。

3）防爆设施。各种电气、仪表的防爆设施，抑制助燃物品混入（如氮封）、易燃易爆气体和粉尘形成等设施，阻隔防爆器材，防爆工器具。

4）作业场所防护设施。作业场所的防辐射、防静电、防噪声、通风（除尘、排毒）、防护栏（网）、防滑、防灼烫等设施。

5）安全警示标志。包括各种指示、警示作业安全和逃生避难及风向等警示标志。

（2）控制事故设施：

1）泄压和止逆设施。用于泄压的阀门、爆破片、放空管等设施，用于止逆的阀门等设施，真空系统的密封设施。

2）紧急处理设施。紧急备用电源，紧急切断、分流、排放（火炬）、吸收、中和、冷却等设施，通入或者加入惰性气体、反应抑制剂等设施，紧急停车、仪表联锁等设施。

（3）减少与消除事故影响设施：

1）防止火灾蔓延设施。阻火器、安全水封、回火防止器、防油（火）堤，防爆墙、防爆门等隔爆设施，防火墙、防火门、蒸汽幕、水幕等设施，防火材料涂层。

2）灭火设施。水喷淋、惰性气体、蒸气、泡沫释放等灭火设施，消火栓、高压水枪（炮）、消防车、消防水管网、消防站等。

3）紧急个体处置设施。洗眼器、喷淋器、逃生器、逃生索、应急照明等设施。

4）应急救援设施。堵漏、工程抢险装备和现场受伤人员医疗抢救装备。

5）逃生避难设施。逃生和避难的安全通道（梯）、安全避难所（带空气呼吸系统）、避难信号等。

6）劳动防护用品和装备。包括头部，面部，视觉、呼吸、听觉器官，四肢，躯干防火、防毒、防灼烫、防腐蚀、防噪声、防辐射、防高处坠落、防砸击、防刺伤等免受作业场所物理、化学因素伤害的劳动防护用品和装备。

安全设施的检维修应与生产设施检维修等同管理，编制安全设施检维修计划，定期进行。安全设施因检维修拆除的，应采取临时安全措施，弥补因为安全设施拆除而造成的安全防护能力降低的缺陷，检维修完毕后应立即恢复安全性能。

5. 检测检验

特种设备应按照有关规定，委托具有专业资质的检测、检验机构进行定期检测、检验。涉及人身安全、危险性较大的海洋石油开采特种设备和矿山井下特种设备，应取得矿用产品安全标志或相关安全使用证。

特种设备检验、检测机构是指从事特种设备定期检验、监督检验、型式试验、无损检测等检验、检测活动的技术机构，包括综合检验机构、型式试验机构、无损检测机构、气瓶检验机构。检验、检测机构应当经国家质量监督检验检疫总局核准，取得《特种设备检验检测机构核准证》后，方可在核准的项目范围内从事特种设备检验、检测活动。检验、检测机构按照其规模、性质、能力、管理水平等核定为 A 级、B 级、C 级，具体级别核定条件等按《特种设备检验检测机构鉴定评审规则》（TSGZ 7002—2004）执行。

检验、检测机构应当具备以下基本条件：

（1）必须是独立承担民事责任的法人实体（特种设备使用单位设立的检验机构除外），能够独立公正地开展检验、检测工作。

（2）单位负责人应当是专业工程技术人员，技术负责人应当具有检验师（或者工程师）及以上持证资格，熟悉业务，具有适应岗位需要的政策水平和组织能力。

（3）具有与其承担的检验、检测项目相适应的技术力量，持证检验、检测人员、专业工程技术人员数量应当满足相应规定要求。

（4）具有与其承担的检验、检测项目相适应的检验、检测仪器、设备和设施。

（5）具有与其承担的检验、检测项目相适应的检验、检测、试验、办公场地和环境条件。

（6）建立质量管理体系，并能有效实施。

（7）具有检验、检测工作所需的法规、安全技术规范和有关技术标准。

检验、检测机构申请从事特种设备定期检验时，其申请项目对应的在用设备数量（已落实任务的）应当符合有关核准项目规定的最低要求。

具体条件和要求按照《特种设备检验机构核准规则》《特种设备无损检测机构核准规则》《特种设备型式试验机构核准规则》等规定执行。

6. 设备设施拆除、报废

企业应建立设备设施报废管理制度。设备设施的报废应办理审批手续，在报废设备设施拆除前应制定方案，并在现场设置明显的报废设备设施标志。报废、拆除涉及许可作业的，应按照规定执行，并在作业前对相关作业人员进行培训和安全技术交底。报废、拆除应按方案和许可内容组织落实。

《安全生产法》第三十六条规定：生产、经营、运输、储存、使用危险物品或者处置废弃危险物品的，由有关主管部门依照有关法律、法规的规定和国家标准或者行业标准审批并实施监督管理。生产经营单位生产、经营、运输、储存、使用危险物品或者处置废弃危险物品，必须执行有关法律、法规和国家标准或者行业标准，建立专门的安全管理制度，采取可靠的安全措施，接受有关主管部门依法实施的监督管理。

企业应执行生产设施拆除和报废管理制度，对各类设备设施要根据其磨损或腐蚀情况，生产工艺要求，保障产品质量、安全生产符合性等，确定报废的年限，建立明确的报废规定，对不符合安全条件的设备要及时报废，防止引发生产安全事故。在组织实施生产设备设施拆除施工作业前，要制订拆除计划或方案，办理拆除设施交接手续，并经处理、验收合格。

企业应对拆除工作进行风险评估，针对存在的风险，制定相应防范措施和应急预案；按照生产设施拆除和报废管理制度，制定拆除方案，明确拆除和报废的验收责任部门、责任人及其职责，确定工作程序；施工单位的现场负责人与生产设备设施使用单位进行施工现场交底，在落实具体任务和安全措施、办理相关拆除手续后方可实施拆除。拆除施工中，要对拆除的设备、零件、物品进行妥善放置和处理，确保拆除施工的安全。拆除施工结束后要填写拆除验收记录及报告。

二、 作业安全

1. 作业环境和作业条件

企业应事先分析和控制生产过程及工艺、物料、设备设施、器材、通道、作业环境等存在的安全风险。

生产现场应实行定置管理，保持作业环境整洁。

生产现场应配备相应的安全、职业病防护用品（具）及消防设施与器材，按照有关规定设置应急照明、安全通道，并确保安全通道畅通。

企业应对临近高压输电线路作业、危险场所动火作业、有（受）限空间作业、临时用电作业、爆破作业、封道作业等危险性较大的作业活动，实施作业许可管理，严格履行作业许可审批手续。作业许可应包含安全风险分析、安全及职业病危害防护措施、应急处置等内容。作业许可实行闭环管理。

企业应对作业人员的上岗资格、条件等进行作业前的安全检查，做到特种作业人员持证上岗，并安排专人进行现场安全管理，确保作业人员遵守岗位操作规程和落实安全及职业病危害防护措施。

企业应采取可靠的安全技术措施，对设备能量和危险有害物质进行屏蔽或隔离。

两个以上作业队伍在同一作业区域内进行作业活动时，不同作业队伍相互之间应签订管理协议，明确各自的安全生产、职业卫生管理职责和采取的有效措施，并指定专人进行检查与协调。

危险化学品生产、经营、储存和使用单位的特殊作业，应符合 GB 30871 的规定。

GB 30871—2014《化学品生产单位特殊作业安全规范》规定了化学品生产单位设备检修中动火、进入受限空间、盲板抽堵、高处作业、吊装、临时用电、动土、断路的安全要求。标准中对生产单位的基本要求如下：

（1）作业中的危险应对措施。作业前，作业单位和生产单位应对作业现场和作业过程中可能存在的危险、有害因素进行辨识，制定相应的安全措施。

（2）作业人员安全教育。作业前，应对参加作业的人员进行安全教育，主要内容如下：

1）有关作业的安全规章制度。

2）作业现场和作业过程中可能存在的危险、有害因素及应采取的具体安全措施。

3）作业过程中所使用的个体防护器具的使用方法及使用注意事项。

4）事故的预防、避险、逃生、自救、互救等知识。

5）相关事故案例和经验、教训。

（3）生产单位应做事项。作业前，生产单位应进行如下工作：

1）对设备、管线进行隔绝、清洗、置换，并确认满足动火、进入受限空间等作业安全要求。

2）对放射源采取相应的安全处置措施。

3）对作业现场的地下隐蔽工程进行交底。

4）腐蚀性介质的作业场所配备人员应急用冲洗水源。

5）夜间作业的场所设置满足要求的照明装置。

6）会同作业单位组织作业人员到作业现场，了解和熟悉现场环境，进一步核实安全措施的可靠性，熟悉应急救援器材的位置及分布。

（4）作业工器具检查。作业前，作业单位对作业现场及作业涉及的设备、设施、工器具等进行检查，并使之符合如下要求：

1）作业现场消防通道、行车通道应保持畅通；影响作业安全的杂物应清理干净。

2）作业现场的梯子、栏杆、平台、箅子板、盖板等设施应完整、牢固，采用的临时设施应确保安全。

3）作业现场可能危及安全的坑、井、沟、孔洞等应采取有效防护措施，并设警示标志，夜间应设警示红灯；需要检修的设备上的电器电源应可靠断电，在电源开关处加锁并加挂安全警示牌。

4）作业使用的个体防护器具、消防器材、通信设备、照明设备等应完好。

5）作业使用的脚手架、起重机械、电气焊用具、手持电动工具等各种工器具应符合作业安全要求；超过安全电压的手持式、移动式电动工器具应逐个配置漏电保护器和电源开关。

（5）作业防护用品佩戴。进入作业现场的人员应正确佩戴符合 GB 2811—2007《安全帽》要求的安全帽，作业时，作业人员应遵守本工种安全技术操作规程，并按规定着装及正确佩戴相应的个体防护用品，多工种、多层次交叉作业应统一协调。

特种作业和特种设备作业人员应持证上岗。患有职业禁忌证者不应参与相应作业。职业禁忌证依据 GBZ/T 157—2009《职业病诊断名词术语》。

作业监护人员应坚守岗位，如确需离开，应有专人替代监护。

（6）作业审批手续。作业前，作业单位应办理作业审批手续，并有相关责任人签名确认。

同一作业涉及动火、进入受限空间、盲板抽堵、高处作业、吊装、临时用电、动土、断路中的两种或两种以上时，除应同时执行相应的作业要求外，还应同时办理相应的作业审批手续。

作业时审批手续应齐全、安全措施应全部落实、作业环境应符合安全要求。

（7）作业应急机制。当生产装置出现异常，可能危及作业人员安全时，生产单位应立即通知作业人员停止作业，迅速撤离。

当作业现场出现异常，可能危及作业人员安全时，作业人员应停止作业，迅速撤离，作业单位应立即通知生产单位。

（8）恢复设施的使用功能。作业完毕，应恢复作业时拆移的盖板、算子板、扶手、栏杆、防护罩等安全设施的安全使用功能；将作业用的工器具、脚手架、临时电源、临时照明设备等及时撤离现场；将废料、杂物、垃圾、油污等清理干净。

2. 作业行为

企业应依法合理进行生产作业组织和管理，加强对从业人员作业行为的安全管理，对设备设施、工艺技术以及从业人员作业行为等进行安全风险辨识，采取相应的措施，控制作业行为安全风险。

企业应监督、指导从业人员遵守安全生产和职业卫生规章制度、操作规程，杜绝违章指挥、违规作业和违反劳动纪律的"三违"行为。

企业应为从业人员配备与岗位安全风险相适应的、符合 GB/T 11651 规定的个体防护装备与用品，并监督、指导从业人员按照有关规定正确佩戴、使用、维护、保养和检查个体防护装备与用品。

（1）什么是"三违"。违章不一定出事（故），出事（故）必是违章。违章是发生事故的起因，事故是违章导致的后果。所谓的"三违"是指：

1）违章指挥：企业负责人和有关管理人员法制观念淡薄，缺乏安全知识，思想上存有侥幸心理，对国家、集体的财产和人民群众的生命安全不负责任。明知不符合安全生产有关条件，仍指挥作业人员冒险作业。

2）违章作业：作业人员没有安全生产常识，不懂安全生产规章制度和操作规程，或者在知道基本安全知识的情况下，在作业过程中，违反安全生产规章制度和操作规程，不顾国家、集体的财产和他人、自己的生命安全，擅自作业，冒险蛮干。

3）违反劳动纪律：上班时不知道劳动纪律，或者不遵守劳动纪律，违反劳动纪律进行冒险作业，造成不安全因素。

（2）"三违"的常见原因。生产现场中，"三违"发生的常见原因有以下几种：

1）侥幸心理。有一部分人在几次违章没发生事故后，慢慢滋生了侥幸心理，混淆了几次违章没发生事故的偶然性和长期违章迟早要发生事故的必然性。

2）省能心理。人们嫌麻烦，图省事，降成本，总想以最小的代价取得最好的效果，甚至压缩到极限，降低了系统的可靠性。尤其是在生产任务紧迫和眼前既得利益的诱因下，极易产生。

3）自我表现心理（或者叫逞能）。有的人自以为技术好，有经验，常满不在乎，虽说能预见到有危险，但是轻信能避免，用冒险蛮干当作表现自己的技能。有的新人技术差，经验少，可谓初生牛犊不怕虎，急于表现自己，以自己或他人的痛苦验证安全制度的重要作用，用鲜血和生命证实安全规程的科学性。

4）从众心理。"别人做了没事，我福大命大造化大，肯定更没事。"尤其是一个安全秩序不好，管理混乱的场所，这种心理传播很快，严重威胁企业的生产安全。

5）逆反心理。在人与人之间关系紧张的时候，人们常常产生这种心理。把同事的善意提醒不当回事，把领导的严格要求口是心非，气大于理，火烧掉情，置安全规章于不顾，以致酿成事故。

（3）反"三违"的常用方法：

1）舆论宣传。反"三违"首先要充分发挥舆论工具的作用，广泛开展反"三违"宣传。利用各种宣传工具、方法，大力宣传遵章守纪的必要性和重要性，违章违纪的危害性。表彰安全生产中遵章守纪的好人好事；谴责那些违章违纪给人民生命和国家财产造成严重损害的恶劣行为，并结合典型事故案例进行法制宣传，形成视"三违"如过街老鼠，人人喊打的局面。通过宣传，使职工认真贯彻"安全第一，预防为主"的方针，勿忘安全，珍惜生命，自觉遵章守纪。

2）教育培训。职工的安全意识、技术素质的高低，防范"三违"的自觉程度和应变能力都与其密切相关。安全教育培训要采取多种形式，除经常性的安全方针、法律、法规、组织纪律、安全知识、工艺规程的教育外，应重点抓好法制教育、主人翁意识思想教育，特别要注意抓好新干部上岗前、新工人上岗前、工人转换工种（岗位）时的安全规程教育。做到教育培训、考核管理工作制度化、经常化，以提高全体干部职工的安全意识和安全操作技能，增强防范事故的能力，为反"三违"打下坚实的基础。

3）重点人员管理。把下述3种人作为反"三违"的重点，进行重点教育、培训、管理，并分别针对其特点加以引导和采取相应的措施，就可有效控制"三违"行为，降低事故发生率。

①企业领导。开展反"三违"要以领导为龙头，从各级领导抓起。一方面，从提高各级领导自身的安全意识、安全素质入手，针对个别领导容易出现的重生产、重效益，忽视安全的不良倾向，进行灌输宣传，使他们真正树立"安全第一、预防为主"的思想，自觉坚持"管生产必须管安全"的原则，以身作则，做反"三违"的带头人。另一方面，要求各级领导运用现代管理方法，按照"分级管理、分线负责"的原则，对"三违"实行"四全"（全员、全方位、全过程、全天候）综合治理，把反"三违"纳入安全生产责任制之中。做到层层抓、层层落实，并与经济责任制挂钩，使安全生产责任制的约束作用和经济责任制的激励作用有机地结合起来，形成反"三违"的强大推动力，充分发挥领导的龙头作用。

②企业班组。班组是企业的"细胞"，既是安全管理的重点，也是反"三违"的主要阵地。一方面抓好日常安全意识教育：针对"违章不一定出事故"的侥幸心理，用正反两方面的典型案例分析其危害性，启发职工自觉遵章守纪，增强自我保护意识；通过自查自纠，自我揭露，同时查纠身边的不安全行为、事故苗子和事故隐患，从"本身无违章"到"身边无事故"。另一方面抓好岗位培训；让职工掌握作业标准、操作技能、设备故障处理技能、消防知识和规章制度；向先进水平挑战，做到"不伤害自己，不伤害他人，不被他人伤害"。

③三种人群。班组长：企业生产一线的指挥员，是班组管理的领头羊，班组安全工作的好坏主要取决于这些人。班组长敢于抓"三违"，就能带动一批人，管好一个班。特种作业人员：他们都在关键岗位，或者从事危险性较大的职业和作业，随时有危及自身和他人安全的可能，是事故多发之源。青年职工：他们多为新工人，往往安全意识较差，技术素质较低，好奇心、好胜心强。在这个群体中极易发生违章违纪现象。

4）现场管理。现场是生产的场所，是职工生产活动与安全活动交织的地方，也是发生"三违"，出现伤亡事故的源地，狠抓现场安全管理尤为重要。要抓好现场安全管理，安全管理人员要经常深入现场，在第一线查"三违"疏而不漏，纠违章铁面无私，抓防范举一反三，搞管理新招迭出，居安思危，防患于未然，把各类事故消灭在萌芽状态，确保安全生产顺利进行。

5）良好习惯。人们在工作、生活中，某些行为、举止或做法，一旦养成习惯就很难改变。俗话说：习惯成自然。在实际工作中，养成的违章违纪恶习势必酿成事故，后患无穷，严重威胁着安全生产。要改变这种局面，除了需要对不安全行为乃至成为习惯的主观因素进行认真分析，有针对性地采取矫正措施，克服不良习惯外，还要利用站班会、班组学习来提高职工的安全意识；开展技术问答、技术练兵，提高安全操作技能；严格标准、强调纪律，规范操作行为；实行"末位淘汰制"，促使职工养成遵章守纪、规范操作的良好习惯。

6）教罚并举。凡是事故，都要按照"四不放过（事故原因未查清不放过、责任人员未处理不放过、责任人和群众未受到教育不放过、整改措施未落实不放过。）"的原则，认真追查分析，根据情节轻重和造成危害的程度对责任人给予帮教处罚。对导致发生伤亡事故的责任者，依据规定，严肃查处，触犯法律的交司法部门处理。要做到干部职工一视同仁，实现从人治到法治的转变。

7）群防群治。在企业安全生产工作中，"企业负责，群众监督"是两项同抓并举的任务。"群众监督"是实现"企业负责"搞好安全生产的可靠保证，也是搞好反"三违"工作的可靠保证。要搞好群众监督，就应特别注意发挥各级工会对安全生产的监督作用，不断提高职工代表的安全监督能力，广泛发动职工依法进行监督，开展以"群防、群查、群治"反"三违"的监督检查活动，确保安全生产事故不会发生。

3. 岗位达标

企业应建立班组安全活动管理制度，开展岗位达标活动，明确岗位达标的内容和要求。

从业人员应熟练掌握本岗位安全职责、安全生产和职业卫生操作规程、安全风险及管控措施、防护用品使用、自救互救及应急处置措施。

各班组应按照有关规定开展安全生产和职业卫生教育培训、安全操作技能训练、岗位作业危险预知、作业现场隐患排查、事故分析等工作，并做好记录。

安全目标管理是许多企业安全管理的重要内容之一。在安全目标管理中，按照目标的层次性、可分性、多样性和阶段性原理，企业安全管理总目标，需要分解成各层次各部门的分目标，由上至下层层下达直至班组，由下至上一级保一级。通过分目标的有效实施，保证企业安全管理总目标的实现。班组安全目标管理就是指根据企业安全管理总目标和上一层次分目标的要求，把班组承担的各项安全管理责任转化为班组安全管理目标。

班组制定安全管理目标，应注意把握以下环节：

（1）企业与车间年度安全管理总目标是制定班组安全管理目标的基本依据，也就是说，企业与车间安全管理总目标、班组安全管理分目标是全局与局部的关系，局部必须服从全局，即车间安全管理的分目标必须服从企业安全管理的总目标，班组安全管理的分目标必须服从车间的安全管理目标。因此，班组在制定安全管理目标时，首先要了解企业、车间安全管理目标是什么，有哪些要求，然后再规划班组安全管理分目标。

（2）确定的安全管理目标要切合实际。班组的安全目标值是其技术与管理水平的综合反映，应从实际出发，恰如其分地确定。如果定低了，不费力气即可以达到，便失去了鼓舞作用，唤不起职工为之努力的激情；定得太高了，则会脱离实际，无法实现，也容易使大家失去信心。因此，在制定班组安全管理目标时，应由班组长及安全员根据班组生产性质、近年安全实绩、安全管理基础、人员素质、设备状况等拟订班组安全目标的初步设想，将控制要求分解，具体列出目标限额，如确定不发生的差错和违章以及安全目标同期内总计违章扣分的控制指标，运行班组缺陷上报率、定期巡回检查到位率，检修班组的消缺率、检修率，施工班组的设备、材料、机具、千元以上经济损失事件的控制，安全施工作业票的合格率等，安全工器具的数量、配套率及完好率，全年度的安全活动、运行分析、反事故演习、消防训练的次数等。在班组成员充分讨论、建议的基础上，制定出本班组的安全目标，并贴在醒目的地方，公之于众。

（3）在班组安全目标的基础上，班组成员应制定出自己的年度安全目标和措施，制定过程中应根据每位成员的实际情况，如安全意识、业务技术水平、工种、制度熟悉情况、实际工作中的安全状况、所管辖设备的实际状况等，提出问题，加以解决。要使每个人都明确自己在目标体系中的地位和作用，以及为实现班组集体目标所承担的责任。

（4）各班组及其成员的安全目标、措施要因组而异、因人而异，不应相互抄袭，要坚持实事求是的原则，通过安全目标的制定，促进班组安全状况的改进，杜绝班组成员的违章现象。

班组安全考核要和安全责任制挂钩，要避免考核时重"硬"轻"软"的倾向，更不能以"硬"指标掩盖或取代"软"指标。具体做法是：安全检查，即每个月对安全管理情况进行检查，由车间组织专人查或工会组长牵头查；安全考核，考核中要从严从实，认真把关。对于经济技术指标和班组安全管理指标，要严格按照定量要求进行考核，做到不降标准、不漏项目；对于安全文化建设方面的定性指标，则要特别注意考核知识技能、进取精神、劳动态度、团结协作精神等。

有的班组在安全管理的实施和考核上，所采取的具体做法是：以安全责任制促进安全目标的落实，把考核个人的主要经济技术指标与安全工作目标纳入岗位安全责任制中，以百分制或其他方式进行考核；以指标单项竞赛促进安全目标的实施，应用激励的方法，组织班组成员开展"比学赶帮超"活动，如安全生产竞赛、岗位练兵、提安全合理化建议、查隐患堵漏洞等。

4. 相关方

企业应建立承包商、供应商等安全管理制度，将承包商、供应商等相关方的安全生产和职业卫生纳入企业内部管理，对承包商、供应商等相关方的资格预审、选择、作业人员培训、作业过程检查监督、提供的产品与服务、绩效评估、续用或退出等进行管理。

企业应建立合格承包商、供应商等相关方的名录和档案，定期识别服务行为安全风险，并采取有效的控制措施。

企业不应将项目委托给不具备相应资质或安全生产、职业病防护条件的承包商、供应商等相关方。企业应与承包商、供应商等签订合作协议，明确规定双方的安全生产及职业病防护的责任和义务。

企业应通过供应链关系促进承包商、供应商等相关方达到安全生产标准化要求。

《安全生产法》第四十六条规定：生产经营单位不得将生产经营项目、场所、设备发包或者出租给不具备安全生产条件或者相应资质的单位或者个人。

生产经营项目、场所发包或者出租给其他单位的，生产经营单位应当与承包单位、承租单位签订专门的安全生产管理协议，或者在承包合同、租赁合同中约定各自的安全生产管理职责；生产经营单位对承包单位、承租单位的安全生产工作统一协调、管理，定期进行安全检查，发现安全问题的，应当及时督促整改。

将本企业工程项目发包给外单位施工工程作业，一般称为外包工程。发包单位应建立规章制度规定外包工程安全管理职责、承包方资质审查、外包合同安全附件的签订、入厂安全教育及外包工程工作票的办理等内容和要求。外包工程安全审查内容一般主要包括：

（1）招标确定的外包工程承包单位安全资质审查，一般由企业安全生产和职业卫生管理部门负责。

（2）资质审查要杜绝无证施工、越级承包、非法转包、违法分包等问题；要严格审查承包单位是否按相关规定配备有专门的现场安全生产和职业卫生管理人员、有证的特殊工种；要严格审查承包单位是否有完善的安全生产和职业卫生管理体系及管理制度。

（3）合同或安全生产协议签订要明确各自的安全职责、权利和义务，并由企业主要负责人指定专人负责检查其履行情况。

（4）由企业主要负责人指定专人负责监督检查承包单位的安全费用、安全设施、劳动防护用品、用具等是否正常使用。

（5）由企业主要负责人指定专人负责检查督促施工单位认真做好安全教育培训工作。

（6）安全生产协议应报企业安全生产和职业卫生管理部门备案，并由其负责对协议的履行情况进行监督检查。

三、 职业健康

1. 基本要求

企业应为从业人员提供符合职业卫生要求的工作环境和条件，为解除职业危害的从业人员提供个人使用的职业病防护用品，建立、健全职业卫生档案和健康监护档案。

产生职业病危害的工作场所应设置相应的职业病防护设施，并符合 GBZ 1 的规定。

企业应确保使用有毒、有害物品的作业场所与生活区、辅助生产区分开，作业场所不应住人；将有害作业与无害作业分开，高毒工作场所与其他工作场所隔离。

对可能发生急性职业危害的有毒、有害工作场所，应设置检验报警装置，制定应急预案，配置现场急救用品、设备，设置应急撤离通道和必要的泄险区，定期检查监测。

企业应组织从业人员进行上岗前、在岗期间、特殊情况应急后和离岗时的职业健康检查，将检查结果书面告知从业人员并存档。对检查结果异常的从业人员，应及时就医，并定期复查。企业不应安排未经职业健康检查的从业人员从事接触职业病危害的作业；不应安排有职业禁忌的从业人员从事禁忌作业。从业人员的职业健康监护应符合 GBZ 188 的规定。

各种防护用品、各种防护器具应定点存放在安全、便于取用的地方，建立台账，并有专人负责保管，定期校验、维护和更换。

涉及放射工作场所和放射性同位素运输、贮存的企业，应配置防护设备和报警装置，为接触放射线的从业人员佩带个人剂量计。

为了提高企业的职业卫生管理水平，规范职业卫生档案管理，国家安全生产监督管理总局办公厅印发了《职业卫生档案管理规范》（安监总厅安健〔2013〕171号），规范了企业职业卫生档案管理工作。

用人单位职业卫生档案，是指用人单位在职业病危害防治和职业卫生管理活动中形成的，能够准确、完整反映本单位职业卫生工作全过程的文字、图纸、照片、报表、音像资料、电子文档等文件材料。

（1）用人单位应建立、健全职业卫生档案，包括以下主要内容：

1）建设项目职业卫生"三同时"档案。

2）职业卫生管理档案。

3）职业卫生宣传培训档案。

4）职业病危害因素监测与检测评价档案。

5）用人单位职业健康监护管理档案。

6）劳动者个人职业健康监护档案。

7）法律、行政法规、规章要求的其他资料文件。

（2）档案管理。用人单位可根据工作实际对职业卫生档案的样表作适当调整，但主要内容不能删减。涉及项目及人员较多的，可参照样表予以补充。

职业卫生档案中某项档案材料较多或者与其他档案交叉的，可在档案中注明其保存地点。用人单位应设立档案室或指定专门的区域存放职业卫生档案，并指定专门机构和专（兼）职人员负责管理。

用人单位应做好职业卫生档案的归档工作，按年度或建设项目进行案卷归档，及时编号登记，入库保管。用人单位要严格职业卫生档案的日常管理，防止出现遗失。

职业卫生监管部门查阅或者复制职业卫生档案材料时，用人单位必须如实提供。劳动者离开用人单位时，有权索取本人职业健康监护档案复印件，用人单位应如实、无偿提供，并在所提供的复印件上签章。劳动者在申请职业病诊断、鉴定时，用人单位应如实提供职业病诊断、鉴定所需的劳动者职业病危害接触史、工作场所职业病危害因素检测结果等资料。

2. 职业病危害告知

企业与从业人员订立劳动合同时，应将工作过程中可能产生的职业危害及其后果和防护措施如实告知从业人员，并在劳动合同中写明。

企业应按照有关规定，在醒目位置设置公告栏，公布有关职业病防治的规章制度、操作规程、职业病危害事故应急救援措施和工作场所职业病危害因素检测结果。对存在或产生职业病危害的工作场所、作业岗位、设备、设施，应在醒目位置设置警示标识和中文警示说明；使用有毒物品作业场所，应设置黄色区域警示线、警示标识和中文警示说明，高毒作业场所应设置红色区域警示线、警示标识和中文警示说明，并设置通讯报警设备。高毒物品作业岗位职业病危害告知应符合 GBZ/T 203 的规定。

（1）职业病危害告知及其内容。职业病危害告知是指用人单位通过与劳动者签订劳动合同、公告、培训等方式，使劳动者知晓工作场所产生或存在的职业病危害因素、防护措施、对健康的影响以及健康检查结果等的行为。职业病危害警示标识是指在工作场所中设置的可以提醒劳动者对职业病危害产生警觉并采取相应防护措施的图形标识、警示线、警示语句和文字说明以及组合使用的标识等。这里所说的劳动者包括用人单位的合同制、聘用制、劳务派遣等性质的劳动者。

1）产生职业病危害的用人单位应将工作过程中可能接触的职业病危害因素的种类、危害程度、危害后果、提供的职业病防护设施、个人使用的职业病防护用品、职业健康检查和相关待遇等如实告知劳动者，不得隐瞒或者欺骗。

2）用人单位与劳动者订立劳动合同（含聘用合同）时，应当在劳动合同中写明工作过程可能产生的职业病危害及其后果、职业病危害防护措施和待遇（岗位津贴、工伤保险等）等内容。同时，以书面形式告知劳务派遣人员。

格式合同文本内容不完善的，应以合同附件形式签署职业病危害告知书。

3）劳动者在履行劳动合同期间因工作岗位或者工作内容变更，从事与所订立劳动合同中未告知的存在职业病危害的作业时，用人单位应当依照规定，向劳动者履行如实告知的义务，并协商变更原劳动合同相关条款。

4）用人单位应对劳动者进行上岗前的职业卫生培训和在岗期间的定期职业卫生培训，使劳动者知悉工作场所存在的职业病危害，掌握有关职业病防治的规章制度、操作规程、应急救援措施、职业病防护设施和个人防护用品的正确使用维护方法及相关警示标识的含义，并经书面和实际操作考试合格后方可上岗作业。

5）用人单位要按照规定组织从事接触职业病危害作业的劳动者进行上岗前、在岗期间和离岗时的职业健康检查，并将检查结果书面告知劳动者本人。用人单位书面告知文件要留档备查。

（2）公告栏与警示标识的设置。产生职业病危害的用人单位应当设置公告栏，公布本单位职业病防治的规章制度等内容。

1）设置在办公区域的公告栏，主要公布本单位的职业卫生管理制度和操作规程等；设置在工作场所的公告栏，主要公布存在的职业病危害因素及岗位、健康危害、接触限值、应急救援措施，以及工作场所职业病危害因素检测结果、检测日期、检测机构名称等。

2）公告栏应设置在用人单位办公区域、工作场所入口处等方便劳动者观看的醒目位置。告知卡应设置在产生或存在严重职业病危害的作业岗位附近的醒目位置。

3）公告栏和告知卡应使用坚固材料制成，尺寸大小应满足内容需要，高度应适合劳动者阅读，内容应字迹清楚、颜色醒目。

4）用人单位多处场所都涉及同一职业病危害因素的，应在各工作场所入口处均设置相应的警示标识。

5）工作场所内存在多个产生相同职业病危害因素的作业岗位的，临近的作业岗位可以共用警示标识、中文警示说明和告知卡。

6）警示标识（不包括警示线）采用坚固耐用、不易变形变质、阻燃的材料制作。有触电危险的工作场所使用绝缘材料。可能产生职业病危害的设备及化学品、放射性同位素和含放射性物质的材料（产品）包装上，可直接粘贴、印刷或者喷涂警示标识。

7）警示标识设置的位置应具有良好的照明条件。井下警示标识应用反光材料制作。

8）公告栏、告知卡和警示标识不应设在门窗或可移动的物体上，其前面不得放置妨碍认读的障碍物。

9）多个警示标识在一起设置时，应按禁止、警告、指令、提示类型的顺序，先左后右、先上后下排列。

10）警示标识的规格要求等按照 GBZ 158—2003《工作场所职业病危害警示标识》执行。

3. 职业病危害项目申报

企业应按照有关规定，及时、如实向所在地安全生产监督管理部门申报职业病危害项目，并及时更新信息。

职业病危害项目，是指存在职业病危害因素的项目。职业病危害因素按照《职业病危害因素分类目录》确定。

职业病危害项目申报工作实行属地分级管理的原则。中央企业、省属企业及其所属用人单位的职业病危害项目，向其所在地设区的市级人民政府安全生产监督管理部门申报。其他用人单位的职业病危害项目，向其所在地县级人民政府安全生产监督管理部门申报。

用人单位申报职业病危害项目时，应当提交《职业病危害项目申报表》和下列文件、资料：

（1）用人单位的基本情况。

（2）工作场所职业病危害因素种类、分布情况以及接触人数。

（3）法律、法规和规章规定的其他文件、资料。

职业病危害项目申报同时采取电子数据和纸质文本两种方式。

用人单位应当首先通过"职业病危害项目申报系统"进行电子数据申报，同时将《职业病危害项目申报表》加盖公章并由本单位主要负责人签字后，按照属地分级管理的规定，连同有关文件、资料一并上报所在地设区的市级、县级安全生产监督管理部门。受理申报的安全生产监督管理部门应当自收到申报文件、资料之日起 5 个工作日内，出具《职业病危害项目申报回执》。

用人单位有下列情形之一的，应当按照本条规定向原申报机关申报变更职业病危害项目内容：

（1）进行新建、改建、扩建、技术改造或者技术引进建设项目的，自建设项目竣工验收之日起 30 日内进行申报。

（2）因技术、工艺、设备或者材料等发生变化导致原申报的职业病危害因素及其相关内容发生重大变化的，自发生变化之日起 15 日内进行申报。

（3）用人单位工作场所、名称、法定代表人或者主要负责人发生变化的，自发生变化之日起 15 日内进行申报。

（4）经过职业病危害因素检测、评价，发现原申报内容发生变化的，自收到有关检测、评价结果之日起 15 日内进行申报。

用人单位终止生产经营活动的，应当自生产经营活动终止之日起 15 日内向原申报机关报告并办理注销手续。

4. 职业病危害检测与评价

企业应改善工作场所职业卫生条件，控制职业病危害因素浓（强）度不超过 GBZ 2.1、GBZ 2.2 规定的限值。

企业应对工作场所职业病危害因素进行日常监测，并保存监测记录。存在职业病危害的，应委托具有相应资质的职业卫生技术服务机构进行定期检测，每年至少进行一次全面的职业病危害因素检测；职业病危害严重的，应委托具有相应资质的职业卫生技术服务机构，每 3 年至少进行一次职业病危害现状评价。检测、评价结果存入职业卫生档案，并向安全监管部门报告，向从业人员公布。

定期检测结果中职业病危害因素浓度或强度超过职业接触限值的，企业应根据职业卫生技术服务机构提出的整改建议，结合本单位的实际情况，制定切实有效的整改方案，立即进行整改。整改落实情况应有明确的记录并存入职业卫生档案备查。

职业卫生技术服务机构，是指为建设项目提供职业病危害预评价、职业病危害控制效果评价，为用人单位提供职业病危害因素检测、职业病危害现状评价、职业病防护设备设施与防护用品的效果评价等技术服务的机构。

根据《职业卫生技术服务机构监督管理暂行办法》（国家安全生产监督管理总局令第 50 号），国家对职业卫生技术服务机构实行资质认可制度。职业卫生技术服务机构应当依照本办法取得职业卫生技术服务机构资质；未取得职业卫生技术服务机构资质的，不得从事职业卫生检测、评价等技术服务。

职业卫生技术服务机构的资质从高到低分为甲级、乙级、丙级 3 个等级。甲级资质由国家安全生产监督管理总局认可及颁发证书；乙级资质由省、自治区、直辖市人民政府安全生产监督管理部门认可及颁发证书，并报国家安全生产监督管理总局备案；丙级资质由设区的市级人民政府安全生产监督管理部门认可及颁发证书，并报省级安全生产监督管理部门备案，由省级安全生产监督管理部门报国家安全生产监督管理总局进行登记。

（1）取得甲级资质的职业卫生技术服务机构，可以根据认可的业务范围在全国从事职业卫生技术服务活动。

下列建设项目的职业卫生技术服务，必须由取得甲级资质的职业卫生技术服务机构承担：

1）国务院及其投资主管部门审批（核准、备案）的建设项目。

2）核设施、绝密工程等特殊性质的建设项目。

3）跨省、自治区、直辖市的建设项目。

4）国家安全生产监督管理总局规定的其他项目。

（2）取得乙级资质的职业卫生技术服务机构，可以根据认可的业务范围在其所在的省、自治区、直辖市从事职业卫生技术服务活动。

下列建设项目的职业卫生技术服务，必须由取得乙级以上资质的职业卫生技术服务机构承担：

1）省级人民政府及其投资主管部门审批（核准、备案）的建设项目。

2）跨（设区）市的建设项目。

3）省级安全生产监督管理部门规定的其他项目。

（3）取得丙级资质的职业卫生技术服务机构，可以根据认可的业务范围在其所在的设区的市或者省级安全生产监督管理部门指定的范围，从事规定的甲级和乙级资质机构业务范围以外的职业卫生技术服务活动。

四、 警示标志

企业应按照有关规定和工作场所的安全风险特点，在有重大危险源、较大危险因素和严重职业病危害因素的工作场所，设置明显的、符合有关规定要求的安全警示标志和职业病危害警示标识。其中，警示标志的安全色和安全标志应分别符合 GB 2893 和 GB 2894 的规定，道路交通标志和标线应符合 GB 5768（所有部分）的规定，工业管道安全标识应符合 GB 7231 的规定，消防安全标志应符合 GB 13495.1 的规定，工作场所职业病危害警示标识应符合 GBZ 158 的规定。安全警示标志和职业病危害警示标识应标明安全风险内容、危险程度、安全距离、防控办法、应急措施等内容，在有重大隐患的工作场所和设备设施上设置安全警示标志，标明治理责任、期限及应急措施；在有安全风险的工作岗位设置安全告知卡，告知从业人员本企业、本岗位主要危险有害因素、后果、事故预防及应急措施、报告电话等内容。

企业应定期对警示标志进行检查维护，确保其完好有效。

企业应在设备设施施工、吊装、检维修等作业现场设置警戒区域和警示标志，在检维修现场的坑、井、渠、构、陡坡等场所设置围栏和警示标志，进行危险提示、警示，告知危险的种类、后果及应急措施等。

1. 安全色

安全色是指用以传递安全信息含义的颜色，包括红、蓝、黄、绿 4 种颜色。

（1）红色。用以传递禁止、停止、危险或者提示消防设备、设施的信息，如禁止标志等。

（2）蓝色。用以传递必须遵守规定的指令性信息，如指令标志等。

（3）黄色。用以传递注意、警告的信息，警告标志等。

（4）绿色。用以传递安全的提示信息，如提示标志、车间内或工地内的安全通道等。

安全色普遍适用于公共场所、生产经营单位和交通运输、建筑、仓储等行业以及消防等领域所使用的信号和标志的表面颜色。但是不适用于灯光信号和航海、内河航运以及其他目的而使用的颜色。

2. 对比色

对比色，是指使安全色更加醒目的反衬色，包括黑、白两种颜色。

安全色与对比色同时使用时，应按下表规定搭配使用，见表 4—1。

表 4—1　　　　　　　　　　安全色的对比色

安全色	对比色
红色	白色
蓝色	白色
黄色	黑色
绿色	白色

对比色使用时，黑色用于安全标志的文字、图形符号和警告标志的几何图形；白色作为安全标志红、蓝、绿色的背景色，也可用于安全标志的文字和图形符号；红色和白色、黄色和黑色间隔条纹，是两种较醒目的标示；红色与白色交替，表示禁止越过，如道路及禁止跨越的临边防护栏杆等；黄色与黑色交替，表示警告危险，如防护栏杆、吊车吊钩的滑轮架等。

3. 安全标志

安全标志是由安全色、几何图形和图形符号构成的，是用来表达特定安全信息的标记，分为禁止标志、警告标志、指令标志和提示标志四类：禁止标志的含义是禁止人们的不安全行为；警告标志的含义是提醒人们对周围环境引起注意，以避免可能发生的危险；指令标志的含义是强制人们必须做出某种动作或采取防范措施；提示标志的含义是向人们提供某种信息（如标明安全设施或场所等）。

4. 安全标志的使用和管理

《安全生产法》第三十二条规定：生产经营单位应当在有较大危险因素的生产经营场所和有关设施、设备上，设置明显的安全警示标志。

GB 2894—2008《安全标志及使用导则》等规定了安全色、基本安全图形和符号；烟花爆竹等一些行业根据《安全标志及使用导则》的原则，还制定了有本行业特色的安全标志（图形或符号）。

第五节　安全风险管控及隐患排查治理

一、 安全风险管理

1. 安全风险辨识

企业应建立安全风险辨识管理制度，组织全员对本单位安全风险进行全面、系统的辨识。

安全风险辨识范围应覆盖本单位的所有活动及区域，并考虑正常、异常和紧急三种状态及过去、现在和将来三种时态。安全风险辨识应采用适宜的方法和程序，且与

现场实际相符。

企业应对安全风险辨识资料进行统计、分析、整理和归档。

2016年4月28日，国务院安委会办公室印发了关于《标本兼治遏制重特大事故工作指南》（安委办〔2016〕3号）的通知，通知明确要求着力构建安全风险分级管控和隐患排查治理双重预防性工作机制，主要内容如下：

（1）健全安全风险评估分级和事故隐患排查分级标准体系。根据存在的主要风险隐患可能导致的后果并结合本地区、本行业领域实际，研究制定区域性、行业性安全风险和事故隐患辨识、评估、分级标准，为开展安全风险分级管控和事故隐患排查治理提供依据。

（2）全面排查评定安全风险和事故隐患等级。在深入总结分析重特大事故发生规律、特点和趋势的基础上，每年排查评估本地区的重点行业领域、重点部位、重点环节，依据相应标准，分别确定安全风险"红、橙、黄、蓝"（红色为安全风险最高级）4个等级，分别确定事故隐患为重大隐患和一般隐患，并建立安全风险和事故隐患数据库，绘制省、市、县以及企业安全风险等级和重大事故隐患分布电子图，切实解决"想不到、管不到"问题。

（3）建立实行安全风险分级管控机制。按照"分区域、分级别、网格化"原则，实施安全风险差异化动态管理，明确落实每一处重大安全风险和重大危险源的安全管理与监管责任，强化风险管控技术、制度、管理措施，把可能导致的后果限制在可防、可控范围之内。健全安全风险公告警示和重大安全风险预警机制，定期对红色、橙色安全风险进行分析、评估、预警。落实企业安全风险分级管控岗位责任，建立企业安全风险公告、岗位安全风险确认和安全操作"明白卡"制度。

（4）实施事故隐患排查治理闭环管理。推进企业安全生产标准化和隐患排查治理体系建设，建立自查、自改、自报事故隐患的排查治理信息系统，建设政府部门信息化、数字化、智能化事故隐患排查治理网络管理平台并与企业互联互通，实现隐患排查、登记、评估、报告、监控、治理、销账的全过程记录和闭环管理。

通过识别生产经营活动中存在的危险、有害因素，并运用定性或定量的统计分析方法确定其风险严重程度，进而确定风险控制的优先顺序和风险控制措施，以达到改善安全生产环境、减少和杜绝安全生产事故的目标。为达到以上目的而采取的一系列措施和规定被称为安全风险管理。

风险识别的方法主要包括以下三种：

（1）按物的不安全状态进行识别。GB 6441—86《企业职工伤亡事故分类》中将物的不安全状态归纳为防护、保险、信号等装置缺乏或有缺陷，设备、设施、工具附件有缺陷，个人防护用品用具缺少或有缺陷以及生产（施工）场地环境不良等4大类。

（2）按人的不安全行为进行识别。GB 6441—86《企业职工伤亡事故分类》中将人的不安全行为归纳为操作失误、造成安全装置失效、使用不安全设备等13大类。

（3）按导致事故和职业危害的直接原因进行识别。根据GB/T 13861—92《生产过程危险和有害因素分类与代码》的规定，将生产过程中的危险、危害因素分为6类：物理性危险和有害因素、化学性危险和有害因素、生物性危险和有害因素、心理和生理性危险和有害因素、行为性危险和有害因素、其他危险和有害因素。

2. 安全风险评估

企业应建立安全风险评估管理制度，明确安全风险评估的目的、范围、频次、准则和工作程序等。

企业应选择合适的安全风险评估方法，定期对所辨识出的存在安全风险的作业活动、设备设施、物料等进行评估。在进行安全风险评估时，至少应从影响人、财产和环境3个方面的可能性和严重程度进行分析。

矿山、金属冶炼和危险物品生产、储存企业，每3年应委托具备规定资质条件的专业技术服务机构对本企业的安全生产状况进行安全评价。

风险评估又称安全评价，是指在风险识别和估计的基础上，综合考虑风险发生的概率、损失程度以及其他因素，得出系统发生风险的可能性及其程度，并与公认的安全标准进行比较，确定企业的风险等级，由此决定是否需要采取控制措施，以及控制到什么程度。风险识别和估算是风险评价的基础。只有在充分揭示企业所面临的各种风险和风险因素的前提下，才可能做出较为精确的评价。企业在运行过程中，原来的风险因素可能会发生变化，同时又可能出现新的风险因素，因此，风险识别必须对企业进行跟踪，以便及时了解企业在运行过程中风险和风险因素变化的情况。

应依据风险评价准则，选定合适的评价方法，定期和及时对作业活动和设备设施进行危险、有害因素识别和风险评价。在进行风险评价时，应从影响人、财产和环境等3个方面的可能性和严重程度分析。企业各级管理人员应参与风险评价工作，鼓励从业人员积极参与风险评价和风险控制。

（1）评价准则。企业应依据以下内容制定风险评价准则：

1）有关安全生产法律、法规。

2）设计规范、技术标准。

3）企业的安全管理标准、技术标准。

4）企业的安全生产方针和目标等。

（2）评价方法。企业可根据需要，选择有效、可行的风险评价方法进行风险评价。常用的评价方法有：

1）工作危害分析（JHA）。

2）安全检查表分析（SCL）。

3）预危险性分析（PHA）。

4）危险与可操作性分析（HAZOP）。

5）失效模式与影响分析（FMEA）。

6）故障树分析（FTA）。

7）事件树分析（ETA）。

8）作业条件危险性分析（LEC）等方法。

（3）评价范围。企业风险评价的范围应包括：

1）规划、设计和建设、投产、运行等阶段。

2）常规和异常活动。

3）事故及潜在的紧急情况。

4）所有进入作业场所的人员的活动。

5）原材料、产品的运输和使用过程。

6）作业场所的设施、设备、车辆、安全防护用品。

7）人为因素，包括违反操作规程和安全生产规章制度。

8）丢弃、废弃、拆除与处置。

9）气候、地震及其他自然灾害。

3. 安全风险控制

企业应选择工程技术措施、管理控制措施、个体防护措施等，对安全风险进行控制。

企业应根据安全风险评估结果及生产经营状况等，确定相应的安全风险等级，对

其进行分级分类管理，实施安全风险差异化动态管理，制定并落实相应的安全风险控制措施。

企业应将安全风险评估结果及所采取的控制措施告知相关从业人员，使其熟悉工作岗位和作业环境中存在的安全风险，掌握、落实应采取的控制措施。

风险控制是指根据风险评价的结果及经营运行情况等，确定优先控制的顺序，采取措施消减风险，将风险控制在可以接受的程度，预防事故的发生。

（1）企业应根据风险评价的结果及经营运行情况等，确定不可接受的风险，制定并落实控制措施，将风险尤其是重大风险控制在可以接受的程度。企业在选择风险控制措施时，应考虑：可行性；安全性；可靠性。应包括的内容有：工程技术措施；管理措施；培训教育措施；个体防护措施等。

（2）企业应将风险评价的结果及所采取的控制措施对从业人员进行宣传、培训，使其熟悉工作岗位和作业环境中存在的危险、有害因素，掌握、落实应采取的控制措施。

4. 变更管理

企业应制定变更管理制度。变更前应对变更过程及变更后可能产生的安全风险进行分析，制定控制措施，履行审批及验收程序，并告知和培训相关从业人员。

变更管理是指对有关人员、机构、工艺、技术、设施、作业过程及环境等永久性或暂时性的变化有可能造成的安全风险进行有计划的控制，以避免或减轻对安全生产的影响。

（1）企业主要负责人、部门安全负责人发生变更，应组织对变更人员进行相应的安全教育培训，需要时，经考核合格，取得相关安全证书方可上岗。

（2）安全管理人员、特种作业人员发生变更，应送至具有培训资质的单位进行安全培训，并经考试合格后，方可上岗。

（3）操作人员发生变更，应书面通知相关部门进行相应的转岗安全教育培训。

（4）管理机构发生变更，企业安全生产委员会应对安全生产责任制和相关的安全生产管理制度进行评审，并根据评审报告对安全生产责任制和相关的安全管理制度进行修订，对安全管理网络进行调整。

（5）工艺、技术发生变更，变更管理部门应将变更的工艺、技术文件交技术人员审查，辨识变更过程可能产生的安全风险，制定相应的安全生产应对措施，并及时发放各车间落实在变更的工艺、技术文件上组织实施。实施完成后，必须通知技术人员验收，并形成验收文件存档。

（6）设施、作业过程及环境发生变更除应严格执行相关变更程序外，还必须将变更方案送至生产管理部门（当生产、设备、安全等相关人员自身不具备相应的专业知识，可聘请相关安全专家）审查，对其可能产生的安全风险和隐患进行辨识、评估，提出安全生产改进意见或防范措施，并根据评审人员提出的改进意见或防范措施修订设施、作业过程及环境变更的实施方案。实施完成后，必须通知安全管理部门验收，并形成验收文件存档。

（7）安全设施需要变更时，方案必须经企业安全生产委员会书面同意，并经设计单位书面同意，出具变更通知后实施变更。如有重大变更的，必须报当地安全生产监督管理部门备案。

二、 重大危险源辨识和管理

企业应建立重大危险源管理制度，全面辨识重大危险源，对确认的重大危险源制定安全管理技术措施和应急预案。

涉及危险化学品的企业应按照 GB 18218 的规定，进行重大危险源辨识和管理。

企业应对重大危险源进行登记建档，设置重大危险源监控系统，进行日常监控，并按照有关规定向所在地安全监管部门备案。重大危险源安全监控系统应符合 AQ 3035 的技术规定。

含有重大危险源的企业应将监控中心（室）视频监控资料、数据监控系统状态数据和监控数据与有关监管部门监管系统联网。

1. 重大危险源定义

参照第 80 届国际劳工大会通过的《预防重大工业事故公约》和我国的有关标准，将危险源定义为：长期或临时地生产、加工、搬运、使用或储存危险物质，且危险物的数量等于或超过临界量的单元。此处的单元意指一套生产装置、设施或场所；危险物是指能导致火灾、爆炸或中毒、触电等危险的一种或若干物质的混合物；临界量是指国家法律、法规、标准规定的一种或一类特定危险物质的数量。

根据《安全生产法》，重大危险源是指长期地或者临时地生产、搬运、使用或者储存危险物品，且危险物品的数量等于或者超过临界量的单元（包括场所和设施）。

依据我国安全生产领域的相关规定和结合行业的工艺特点，从可操作性出发，以重大危险源所处的场所或设备、设施进行分类，每类中可依据不同的特性进行有层次的展开。一般工业生产作业过程的危险源分为如下5类：

（1）易燃、易爆和有毒有害物质危险源。

（2）锅炉及压力容器设施类危险源。

（3）电气类设施危险源。

（4）高温作业区危险源。

（5）辐射类危害类危险源。

2. 危险源辨识

危险源辨识是发现、识别系统中危险源的工作。这是一件非常重要的工作，它是危险源控制的基础，只有辨识了危险源之后才能有的放矢地考虑如何采取措施控制危险源。

危险源辨识方法主要分为对照法和系统安全分析法：

（1）对照法。对照法是与有关的标准、规范、规程或经验进行对照，通过对照来辨识危险源。有关的标准、规范、规程，以及常用的安全检查表，都是在大量实践经验的基础上编制而成的。因此，对照法是一种基于经验的方法，适用于有以往经验可供借鉴的情况。

（2）系统安全分析法。系统安全分析法主要是从安全角度进行的系统分析，通过揭示系统中可能导致系统故障或事故的各种因素及其相互关联，来辨识系统中的危险源。系统安全分析方法经常被用来辨识可能带来严重事故后果的危险源，也可以用于辨识没有事故经验的系统的危险源。

危险源分级一般按危险源在触发因素作用下转化为事故的可能性大小与发生事故的后果的严重程度划分，实质上是对危险源的评价，按事故出现可能性大小可分为非常容易发生、容易发生、较容易发生、不容易发生、难以发生、极难发生，根据危害程度可分为可忽略、临界的、危险的、破坏性的等级别，也可按单项指标来划分等级。如高处作业根据高差指标将坠落事故危险源划分为4级（一级2~5 m，二级5~15 m，三级15~30 m，特级30 m以上）；按压力指标将压力容器划分为低压容器、中压容器、高压容器、超高压容器4级。从控制管理角度，通常根据危险源的潜在危险性大小、控制难易程度、事故可能造成损失情况进行综合分级。

3. 危险性评价

危险性是指某种危险源导致事故、造成人员伤亡或财物损失的可能性。一般地，危险性包括危险源导致事故的可能性和一旦发生事故造成人员伤亡或财物损失的后果严重程度两个方面的问题。

系统危险性评价是对系统中危险源危险性的综合评价。危险源的危险性评价包括对危险源自身危险性的评价和对危险源控制措施效果的评价两方面的问题。

系统中危险源的存在是绝对的，任何工业生产系统中都存在着若干危险源。受实际的人力、物力等方面因素的限制，不可能完全消除或控制所有的危险源，只能集中有限的人力、物力资源消除、控制危险性较大的危险源。在危险性评价的基础上，按其危险性的大小把危险源分类排队，可以为确定采取控制措施的优先次序提供依据。

采取了危险源控制措施后进行的危险性评价，可以表明危险源控制措施的效果是否达到了预定的要求。如果采取控制措施后危险性仍然很高，则需要进一步研究对策，采取更有效的措施使危险性降低到预定的标准。当危险源的危险性很小时可以被忽略，则不必采取控制措施。危险性评价方法有相对的评价法和概率的评价法两大类。

4. 危险源监控

危险源的控制可从三方面进行，即技术控制、人行为控制和管理控制。

（1）技术控制。即采用技术措施对固有危险源进行控制，主要技术有消除、控制、防护、隔离、监控、保留和转移等。

（2）人行为控制。即控制人为失误，减少人不正确行为对危险源的触发作用。人为失误的主要表现形式有：操作失误，指挥错误，不正确的判断或缺乏判断，粗心大意，厌烦，懒散，疲劳，紧张，疾病或生理缺陷，错误使用防护用品和防护装置等。人行为的控制首先是加强教育培训，做到人的安全化，其次应做到操作安全化。

（3）管理控制。可采取以下管理措施，对危险源实行控制：

1）建立、健全危险源管理的规章制度。危险源确定后，在对危险源进行系统危险性分析的基础上建立、健全各项规章制度，包括岗位安全生产责任制、危险源重点控制实施细则、安全操作规程、操作人员培训考核制度、日常管理制度、交接班制度、检查制度、信息反馈制度，危险作业审批制度、异常情况应急措施、考核奖惩制度等。

2）明确责任、定期检查。应根据各危险源的等级分别确定各级负责人，并明确他们应负的具体责任，特别是要明确各级危险源的定期检查责任。除了作业人员必须每天自查外，还要规定各级领导定期参加检查。对于重点危险源，应做到公司总经理（厂长、所长等）半年一查，分厂厂长月查，车间主任（室主任）周查，工段、班组长日查。对于低级别的危险源也应制订出详细的检查安排计划。

对危险源的检查要对照检查表逐条逐项，按规定的方法和标准进行检查，并做记录。如发现隐患则应按信息反馈制度及时反馈，促使其及时得到消除。凡未按要求履行检查职责而导致事故者，要依法追究其责任。规定各级领导人参加定期检查，有助于增强他们的安全责任感，体现管生产必须管安全的原则，也有助于重大事故隐患的及时发现和得到解决。

专职安技人员要对各级人员实行检查的情况定期检查、监督并严格进行考评，以实现管理的封闭。

3）加强危险源的日常管理。要严格要求作业人员贯彻执行有关危险源日常管理的规章制度。要做到：搞好安全值班、交接班；按安全操作规程进行操作；按安全检查表进行日常安全检查；危险作业经过审批等。所有活动均应按要求认真做好记录。领导和安技部门定期进行严格检查考核，发现问题及时给以指导教育，根据检查考核情况进行奖惩。

4）抓好信息反馈、及时整改隐患。要建立、健全危险源信息反馈系统，制定信息反馈制度并严格贯彻实施。对检查发现的事故隐患，应根据其性质和严重程度，按照规定分级实行信息反馈和整改，做好记录，发现重大隐患应立即向安技部门和行政第一领导报告。信息反馈和整改的责任应落实到人。对信息反馈和隐患整改的情况各级领导和安技部门要进行定期考核和奖惩。安技部门要定期收集、处理信息，及时提供给各级领导研究决策，不断改进危险源的控制管理工作。

5）搞好危险源控制管理的基础建设工作。危险源控制管理的基础工作除建立、健全各项规章制度外，还应建立、健全危险源的安全档案和设置安全标志牌。应按安全档案管理的有关内容要求建立危险源的档案，并指定专人专门保管，定期整理。应在危险源的显著位置悬挂安全标志牌，标明危险等级，注明负责人员，按照国家标准的安全标志表明主要危险，并扼要注明防范措施。

6）搞好危险源控制管理的考核评价和奖惩。应对危险源控制管理的各方面工作制定考核标准，并力求量化，划分等级。定期严格考核评价，给予奖惩并与班组升级和评先进结合起来。逐年提高要求，促使危险源控制管理的水平不断提高。

三、 隐患排查治理

1. 隐患排查

企业应建立隐患排查治理制度，逐渐建立并落实从主要负责人到每位从业人员的隐患排查治理和防控责任制。并按照有关规定组织开展隐患排查治理工作，及时发现并消除隐患，实行隐患闭环管理。

企业应依据有关法律、法规、标准规范等，组织制定各部门、岗位、场所、设备设施的隐患排查治理标准或排查清单，明确隐患排查的时限、范围、内容和要求，并组织开展相应的培训。隐患排查的范围应包括所有与生产经营相关的场所、人员、设备设施和活动，包括承包商和供应商等相关服务范围。

企业应按照有关规定，结合安全生产的需要和特点，采用综合检查、专业检查、季节性检查、节假日检查、日常检查等不同方式进行隐患排查。对排查出的隐患，按照隐患的等级进行记录，建立隐患信息档案，并按照职责分工实施监控治理。组织有关人员对本企业可能存在的重大隐患作出认定，并按照有关规定进行管理。

企业应将相关方排查出的隐患统一纳入本企业隐患管理。

（1）什么是安全生产事故隐患。安全生产事故隐患（以下简称事故隐患），是指企业违反安全生产法律、法规、规章、标准、规程和安全生产管理制度的规定，或者因其他因素在生产经营活动中存在可能导致事故发生的人的不安全行为、物的危险状态、场所的不安全因素和管理上的缺陷。

事故隐患分为一般事故隐患和重大事故隐患。

一般事故隐患，是指危害和整改难度较小，发现后能够立即整改消除的隐患。

重大事故隐患，是指危害和整改难度较大，需要全部或者局部停产停业，并经过一定时间整改治理方能消除的隐患，或者因外部因素影响致使企业自身难以消除的隐患。

（2）企业事故隐患排查和治理的职责。企业是事故隐患排查、治理、报告和防控的责任主体，应当建立、健全事故隐患排查治理制度，完善事故隐患自查、自改、自报的管理机制，落实从主要负责人到每位从业人员的事故隐患排查治理和防控责任，并加强对落实情况的监督考核，保证隐患排查治理的落实。

企业主要负责人对本单位事故隐患排查治理工作全面负责，各分管负责人对分管业务范围内的事故隐患排查治理工作负责。任何单位和个人发现事故隐患或者隐患排查治理违法行为，均有权向安全监管监察部门和有关部门举报。安全监管监察部门接到事故隐患举报后，应当按照职责分工及时组织核实并予以查处；发现所举报事故隐患应当由其他有关部门处理的，应当及时移送并记录备查。对举报企业存在的重大事故隐患或者隐患排查治理违法行为，经核实无误的，安全监管监察部门和有关部门应当按照规定给予奖励。

企业应当保证事故隐患排查治理所需的资金，建立资金使用专项制度。企业应当建立包括下列内容的事故隐患排查治理制度：

1）明确主要负责人、分管负责人、部门和岗位人员隐患排查治理工作要求、职责范围、防控责任。

2）根据国家、行业、地方有关事故隐患的标准、规范、规定，编制事故隐患排查清单，明确和细化事故隐患排查事项、具体内容和排查周期。

3）明确隐患判定程序，按照规定对本单位存在的重大事故隐患作出判定。

4）明确重大事故隐患、一般事故隐患的处理措施及流程。

5）组织对重大事故隐患治理结果的评估。

6）组织开展相应培训，提高从业人员隐患排查治理能力。

7）应当纳入的其他内容。

企业将生产经营项目、场所、设备发包、出租的，应当与承包、承租单位签订安全生产管理协议，并在协议中明确各方对事故隐患排查、治理和防控的管理职责。企业对承包、承租单位的事故隐患排查治理工作进行统一协调、管理，定期进行检查，发现问题及时督促整改。承包、承租单位拒不整改的，企业可以按照协议约定的方式处理，或者向安全监管监察部门和有关部门报告。

（3）安全生产检查。安全生产检查是指对生产过程及安全管理中可能存在的隐患、有害与危险因素、缺陷等进行查证，以确定隐患或有害与危险因素、缺陷的存在状态，以及它们转化为事故的条件，以便制定整改措施，消除隐患和有害与危险因素，确保生产安全。

安全生产检查是安全管理工作的重要内容，是消除隐患、防止事故发生、改善劳动条件的重要手段。通过安全生产检查可以发现企业生产过程中的危险因素，以便有计划地制定纠正措施，保证生产安全。

安全生产检查的主要方式有：

1）定期安全生产检查。定期检查一般是通过有计划、有组织、有目的的形式来实现的。如次/年、次/季、次/月、次/周等。检查周期根据各单位实际情况确定。定期检查的面广，有深度，能及时发现并解决问题。

2）经常性安全生产检查。经常性检查则是采取个别的、日常的巡视方式来实现的。在施工（生产）过程中进行经常性的预防检查，能及时发现隐患，及时消除，保证施工（生产）正常进行。

3）季节性及节假日前安全生产检查。由各级生产单位根据季节变化，按事故发生的规律对易发的潜在危险，突出重点进行季节检查。如冬季防冻保温、防火、防煤气中毒；夏季防暑降温、防汛、防雷电等检查。

由于节假日（特别是重大节日，如元旦、春节、劳动节、国庆节）前后容易发生事故，因而应进行有针对性的安全生产检查。

4）专业（项）安全生产检查。专项安全生产检查是对某个专项问题或在施工（生产）中存在的普遍性安全问题进行的单项定性检查。

对危险较大的在用设备、设施，作业场所环境条件的管理性或监督性定量检测检验则属专业性安全生产检查。专项检查具有较强的针对性和专业要求，用于检查难度较大的项目。通过检查，发现潜在问题，研究整改对策，及时消除隐患，进行技术改造。

5）综合性安全生产检查。一般是由主管部门对下属各企业或生产单位进行的全面综合性检查，必要时可组织进行系统的安全性评价。

6）不定期的职工代表巡视安全生产检查。由企业或车间工会负责人负责组织有关专业技术特长的职工代表进行巡视安全生产检查。重点查国家安全生产方针、法规的贯彻执行情况；查单位领导干部安全生产责任制的执行情况；工人安全生产权利的执行情况；查事故原因、隐患整改情况；并对责任者提出处理意见。此类检查可进一步强化各级领导安全生产责任制的落实，促进职工劳动保护合法权利的维护。

2. 隐患治理

企业应根据隐患排查的结果，制定隐患治理方案，对隐患及时进行治理。

企业应按照责任分工立即或限期组织整改一般隐患。主要负责人应组织制定并实施重大隐患治理方案。治理方案应包括目标和任务、方法和措施、经费和物资、机构和人员、时限和要求、应急预案。

企业在隐患治理过程中，应采取相应的监控防范措施。隐患排除前或排除过程中无法保证安全的，应从危险区域内撤出作业人员，疏散可能危及的人员，设置警戒标志，暂时停产停业或停止使用相关设备、设施。

对于一般事故隐患，由生产经营单位（车间、分厂、区队等）负责人或者有关人员及时组织整改。

对于重大事故隐患，由企业主要负责人组织制定并实施事故隐患治理方案。重大事故隐患治理方案应当包括以下内容：

（1）治理的目标和任务。

（2）采取的方法和措施。

（3）经费和物资的落实。

（4）负责治理的机构和人员。

（5）治理的时限和要求。

（6）安全措施和应急预案。

企业在事故隐患治理过程中，应当采取相应的安全防范措施，防止事故发生。事故隐患排除前或者排除过程中无法保证安全的，应当从危险区域内撤出作业人员，并疏散可能危及的其他人员，设置警戒标志，暂时停产停业或者停止使用相关设施、设备；对暂时难以停产或者停止使用后极易引发生产安全事故的相关设施、设备，应当加强维护保养和监测监控，防止事故发生。

对于因自然灾害可能引发事故灾难的隐患，企业应当按照有关法律、法规、规章、标准、规程的要求进行排查治理，采取可靠的预防措施，制定应急预案。在接到有关自然灾害预报时，应当及时发出预警通知；发生自然灾害可能危及企业和人员安全的情况时，应当采取停止作业、撤离人员、加强监测等安全措施，并及时向当地人民政府及其有关部门报告。

3. 验收与评估

隐患治理完成后，企业应按照有关规定对治理情况进行评估、验收。重大隐患治理完成后，企业应组织本企业的安全管理人员和有关技术人员进行验收或委托依法设立的为安全生产提供技术、管理服务的机构进行评估。

重大事故隐患治理工作结束后，企业应当组织本单位的技术人员和专家对重大事故隐患的治理情况进行评估或者委托依法设立的为安全生产提供技术、管理服务的机构对重大事故隐患的治理情况进行评估。

对安全监管监察部门和有关部门在监督检查中发现并责令全部或者局部停产停业治理的重大事故隐患，企业完成治理并经评估后符合安全生产条件的，应当向安全监管监察部门和有关部门提出恢复生产经营的书面申请，经安全监管监察部门和有关部门审查同意后，方可恢复生产经营。申请材料应当包括治理方案的内容、项目和治理情况评估报告等。

企业委托技术管理服务机构提供事故隐患排查治理服务的，事故隐患排查治理的责任仍由本单位负责。

技术管理服务机构对其出具的报告或意见负责，并承担相应的法律责任。

4. 信息记录、通报和报送

企业应如实记录隐患排查治理情况，至少每月进行统计分析，及时将隐患排查治理情况向从业人员通报。

企业应运用隐患自查、自改、自报信息系统，通过信息系统对隐患排查、报告、治理、销账等过程进行电子化管理和统计分析，并按照当地安全监管部门和有关部门的要求，定期或实时报送隐患排查治理情况。

（1）煤矿重大生产安全事故隐患判定标准。2015 年 12 月 3 日，《煤矿重大生产安全事故隐患判定标准》（国家安全生产监督管理总局令第 85 号）公布，自公布之日起施行。根据标准的规定，煤矿重大事故隐患包括以下 15 个方面：

1) 超能力、超强度或者超定员组织生产。

2) 瓦斯超限作业。

3) 煤与瓦斯突出矿井，未依照规定实施防突出措施。

4) 高瓦斯矿井未建立瓦斯抽采系统和监控系统，或者不能正常运行。

5) 通风系统不完善、不可靠。

6) 有严重水患，未采取有效措施。

7) 超层越界开采。

8) 有冲击地压危险，未采取有效措施。

9) 自然发火严重，未采取有效措施。

10) 使用明令禁止使用或者淘汰的设备、工艺。

11）煤矿没有双回路供电系统。

12）新建煤矿边建设边生产，煤矿改扩建期间，在改扩建的区域生产，或者在其他区域的生产超出安全设计规定的范围和规模。

13）煤矿实行整体承包生产经营后，未重新取得或者及时变更安全生产许可证而从事生产，或者承包方再次转包，以及将井下采掘工作面和井巷维修作业进行劳务承包。

14）煤矿改制期间，未明确安全生产责任人和安全管理机构，或者在完成改制后，未重新取得或者变更采矿许可证、安全生产许可证和营业执照。

15）其他重大事故隐患。

（2）金属非金属矿山重大生产安全事故隐患判定标准。2017 年 9 月 1 日，《金属非金属矿山重大生产安全事故隐患判定标准（试行）》（安监总管一〔2017〕98 号）公布，自公布之日起施行。根据标准的规定，金属非金属矿山重大事故隐患包括如下 3 个方面。

1）金属非金属地下矿山重大生产安全事故隐患：

①安全出口不符合国家标准、行业标准或设计要求。

②使用国家明令禁止使用的设备、材料和工艺。

③相邻矿山的井巷相互贯通。

④没有及时填绘图，现状图与实际严重不符。

⑤露天转地下开采，地表与井下形成贯通，未按照设计要求采取相应措施。

⑥地表水系穿过矿区，未按照设计要求采取防治水措施。

⑦排水系统与设计要求不符，导致排水能力降低。

⑧井口标高在当地历史最高洪水位 1 米以下，未采取相应防护措施。

⑨水文地质类型为中等及复杂的矿井没有设立专门防治水机构、配备探放水作业队伍或配齐专用探放水设备。

⑩水文地质类型复杂的矿山关键巷道防水门设置与设计要求不符。

⑪有自燃发火危险的矿山，未按照国家标准、行业标准或设计采取防火措施。

⑫在突水威胁区域或可疑区域进行采掘作业，未进行探放水。

⑬受地表水倒灌威胁的矿井在强降雨天气或其来水上游发生洪水期间，不实施停产撤人。

⑭相邻矿山开采错动线重叠，未按照设计要求采取相应措施。

⑮开采错动线以内存在居民村庄，或存在重要设备设施时未按照设计要求采取相应措施。

⑯擅自开采各种保安矿柱或其形式及参数劣于设计值。

⑰未按照设计要求对生产形成的采空区进行处理。

⑱具有严重地压条件，未采取预防地压灾害措施。

⑲巷道或者采场顶板未按照设计要求采取支护措施。

⑳矿井未按照设计要求建立机械通风系统，或风速、风量、风质不符合国家标准或行业标准的要求。

㉑未配齐具有矿用产品安全标志的便携式气体检测报警仪和自救器。

㉒提升系统的防坠器、阻车器等安全保护装置或信号闭锁措施失效；未定期试验或检测检验。

㉓一级负荷没有采用双回路或双电源供电，或单一电源不能满足全部一级负荷需要。

㉔地面向井下供电的变压器或井下使用的普通变压器采用中性接地。

2）金属非金属露天矿山重大生产安全事故隐患：

①地下转露天开采，未探明采空区或未对采空区实施专项安全技术措施。

②使用国家明令禁止使用的设备、材料和工艺。

③未采用自上而下、分台阶或分层的方式进行开采。

④工作帮坡角大于设计工作帮坡角，或台阶（分层）高度超过设计高度。

⑤擅自开采或破坏设计规定保留的矿柱、岩柱和挂帮矿体。

⑥未按国家标准或行业标准对采场边坡、排土场稳定性进行评估。

⑦高度 200 米及以上的边坡或排土场未进行在线监测。

⑧边坡存在滑移现象。

⑨上山道路坡度大于设计坡度 10％以上。

⑩封闭圈深度 30 米及以上的凹陷露天矿山，未按照设计要求建设防洪、排洪设施。

⑪雷雨天气实施爆破作业。

⑫危险级排土场。

3）尾矿库重大生产安全事故隐患：

①库区和尾矿坝上存在未按批准的设计方案进行开采、挖掘、爆破等活动。

②坝体出现贯穿性横向裂缝，且出现较大范围管涌、流土变形，坝体出现深层滑动迹象。

③坝外坡坡比陡于设计坡比。

④坝体超过设计坝高，或超设计库容储存尾矿。

⑤尾矿堆积坝上升速率大于设计堆积上升速率。

⑥未按法规、国家标准或行业标准对坝体稳定性进行评估。

⑦浸润线埋深小于控制浸润线埋深。

⑧安全超高和干滩长度小于设计规定。

⑨排洪系统构筑物严重堵塞或坍塌，导致排水能力急剧下降。

⑩设计以外的尾矿、废料或者废水进库。

⑪多种矿石性质不同的尾砂混合排放时，未按设计要求进行排放。

⑫冬季未按照设计要求采用冰下放矿作业。

（3）化工和危险化学品相关企业重大生产安全事故隐患判定标准。2017 年 11 月 13 日，《化工和危险化学品生产经营单位重大生产安全事故隐患判定标准（试行）》（安监总管三〔2017〕121 号）公布，自公布之日起施行。根据标准的规定，化工和危险化学品生产经营单位重大事故隐患包括如下方面：

1）危险化学品生产、经营单位主要负责人和安全生产管理人员未依法经考核合格。

2）特种作业人员未持证上岗。

3）涉及"两重点一重大（政府重点监管的危险化工工艺、重点监管的危险化学品和重大危险源的监管）"的生产装置、储存设施外部安全防护距离不符合国家标准要求。

4）涉及重点监管危险化工工艺的装置未实现自动化控制，系统未实现紧急停车功能，装备的自动化控制系统、紧急停车系统未投入使用。

5）构成一级、二级重大危险源的危险化学品罐区未实现紧急切断功能；涉及毒性气体、液化气体、剧毒液体的一级、二级重大危险源的危险化学品罐区未配备独立的安全仪表系统。

6）全压力式液化烃储罐未按国家标准设置注水措施。

7）液化烃、液氨、液氯等易燃易爆、有毒有害液化气体的充装未使用万向管道充装系统。

8）光气、氯气等剧毒气体及硫化氢气体管道穿越除厂区（包括化工园区、工业园区）外的公共区域。

9）地区架空电力线路穿越生产区且不符合国家标准要求。

10）在役化工装置未经正规设计且未进行安全设计诊断。

11）使用淘汰落后安全技术工艺、设备目录列出的工艺、设备。

12）涉及可燃和有毒有害气体泄漏的场所未按国家标准设置检测报警装置，爆炸危险场所未按国家标准安装使用防爆电气设备。

13）控制室或机柜间面向具有火灾、爆炸危险性装置一侧不满足国家标准关于防火防爆的要求。

14）化工生产装置未按国家标准要求设置双重电源供电，自动化控制系统未设置不间断电源。

15）安全阀、爆破片等安全附件未正常投用。

16）未建立与岗位相匹配的全员安全生产责任制或者未制定实施生产安全事故隐患排查治理制度。

17）未制定操作规程和工艺控制指标。

18）未按照国家标准制定动火、进入受限空间等特殊作业管理制度，或者制度未有效执行。

19）新开发的危险化学品生产工艺未经小试、中试、工业化试验直接进行工业化生产；国内首次使用的化工工艺未经过省级人民政府有关部门组织的安全可靠性论证；新建装置未制定试生产方案投料开车；精细化工企业未按规范性文件要求开展反应安全风险评估。

20）未按国家标准分区分类储存危险化学品，超量、超品种储存危险化学品，相互禁配物质混放混存。

（4）烟花爆竹生产、经营单位重大生产安全事故隐患判定标准。2017 年 11 月 13 日，《烟花爆竹生产经营单位重大生产安全事故隐患判定标准（试行）》（安监总管三〔2017〕121 号）公布，自公布之日起施行。根据标准的规定，烟花爆竹生产经营单位重大事故隐患包括如下方面：

    1）主要负责人、安全生产管理人员未依法经考核合格。

    2）特种作业人员未持证上岗，作业人员带药检维修设备设施。

    3）职工自行携带工器具、机器设备进厂进行涉药作业。

    4）工（库）房实际作业人员数量超过核定人数。

    5）工（库）房实际滞留、存储药量超过核定药量。

    6）工（库）房内、外部安全距离不足，防护屏障缺失或者不符合要求。

    7）防静电、防火、防雷设备设施缺失或者失效。

    8）擅自改变工（库）房用途或者违规私搭乱建。

    9）工厂围墙缺失或者分区设置不符合国家标准。

  10）将氧化剂、还原剂同库储存、违规预混或者在同一工房内粉碎、称量。

  11）在用涉药机械设备未经安全性论证或者擅自更改、改变用途。

  12）中转库、药物总库和成品总库的存储能力与设计产能不匹配。

  13）未建立与岗位相匹配的全员安全生产责任制或者未制定实施生产安全事故隐患排查治理制度。

  14）出租、出借、转让、买卖、冒用或者伪造许可证。

  15）生产经营的产品种类、危险等级超许可范围或者生产使用违禁药物。

  16）分包转包生产线、工房、库房组织生产经营。

  17）一证多厂或者多股东各自独立组织生产经营。

  18）许可证过期、整顿改造、恶劣天气等停产停业期间组织生产经营。

  19）烟花爆竹仓库存放其他爆炸物等危险物品或者生产经营违禁超标产品。

  20）零售点与居民居住场所设置在同一建筑物内或者在零售场所使用明火。

  （5）重大事故隐患报送。企业应当每月对本单位事故隐患排查治理情况进行统计分析，并按照规定的时间和形式报送安全监管监察部门和有关部门。对于重大事故隐患，企业除依照规定报送外，应当向安全监管监察部门和有关部门提交书面材料。重大事故隐患报送内容应当包括：

    1）隐患的现状及其产生原因。

    2）隐患的危害程度和整改难易程度分析。

    3）隐患的治理方案。

已经建立隐患排查治理信息系统的地区，企业应当通过信息系统报送规定的内容。

四、 预测预警

企业应根据生产经营状况、安全风险管理及隐患排查治理、事故等情况，运用定量或定性的安全生产预测预警技术，建立体现企业安全生产状况及发展趋势的安全生产预测预警体系。

企业安全生产预警系统是指在全面辨识反映企业安全生产状态的指标的基础上，通过隐患排查、风险管理及仪器仪表监控等安全方法及工具，提前发现、分析和判断影响安全生产状态、可能导致事故发生的信息，定量化表示企业生产安全状态，及时发布安全生产预警信息，提醒企业负责人及全体员工注意，使企业及时、有针对性地采取预防措施控制事态发展，最大限度地降低事故发生概率及后果严重程度，从而形成具有预警能力的安全生产系统。

企业应结合安全生产标准化建设、隐患排查治理体系建设等工作，充分发挥安全生产预警系统对安全生产管理决策的支持作用。企业应发动全员参与安全生产预警工作，将安全预警工作与日常安全生产管理工作有机结合。企业每年应至少对预警系统的运行情况总结一次，对预警指标的选取以及预警指数模型进行优化，使之更加符合企业的生产安全状态；当企业预警系统与安全生产实际运行情况出现偏差时，应及时调整预警系统相关指标，并重新调整预警指数模型。

企业安全生产预警系统应包括：预警指标选择；预警指标量化；预警指标权重确定；预警模型建立；预警指数图生成；预警报告发布；预警信息系统建立。

企业应选取符合本企业安全生产管理特点的预警指标：

（1）从人、物、环境、管理、事故5个因素进行预警指标初筛。

（2）选取的预警指标应至少包含：事故隐患、安全教育培训、应急演练及生产安全事故4项预警指标；同时，可根据实际情况，增加适应生产安全特点的其他预警指标。

（3）预警指标数据在系统中使用，应进行指标数据量化。量化结果应与最终预警结果趋势相同，指标量化结果和预警结果数值越大，表示危险程度越高，即安全程度越低；数值越小，表示危险程度越低，即安全程度越高。各预警数据采集、数值确定应与预警周期保持一致，企业可根据实际情况选择周或月为预警周期。

事故隐患指标应至少包含事故隐患评估（即事故隐患信息量化）、隐患等级、隐患整改情况三项指标。

第六节　应急管理

一、　应急准备

1. 应急救援组织

企业应按照有关规定建立应急管理组织机构或指定专人负责应急管理工作，建立与本企业安全生产特点相适应的专（兼）职应急救援队伍。按照有关规定可以不单独建立应急救援队伍的，应指定兼职救援人员，并与邻近专业应急救援队伍签订应急救援服务协议。

《安全生产法》规定：生产经营单位应当制定本单位生产安全事故应急救援预案，与所在地县级以上地方人民政府组织制定的生产安全事故应急救援预案相衔接，并定期组织演练。危险物品的生产、经营、储存单位以及矿山、金属冶炼、城市轨道交通运营、建筑施工单位应当建立应急救援组织；生产经营规模较小的，可以不建立应急救援组织，但应当指定兼职的应急救援人员。危险物品的生产、经营、储存、运输单位以及矿山、金属冶炼、城市轨道交通运营、建筑施工单位应当配备必要的应急救援器材、设备和物资，并进行经常性维护、保养，保证正常运转。

企业应按规定建立安全生产应急管理机构或指定专人负责安全生产应急管理工作。企业应建立与本单位安全生产特点相适应的专兼职应急救援队伍，或指定专兼职应急救援人员，并组织训练；无须建立应急救援队伍的，可与附近具备专业资质的应急救援队伍签订服务协议。

煤矿和非煤矿山、危险化学品单位应当依法建立由专职或兼职人员组成的应急救援队伍。不具备单独建立专业应急救援队伍的小型企业，除建立兼职应急救援队伍外，还应当与邻近建有专业救援队伍的企业签订救援协议，或者联合建立专业应急救援队伍。应急救援队伍在发生事故时要及时组织开展抢险救援，平时开展或协助开展风险隐患排查。加强应急救援队伍的资质认定管理。矿山、危险化学品单位属地县、乡级人民政府要组织建立队伍调运机制，组织队伍参加社会化应急救援。应急救援队伍建设及演练工作经费在企业安全生产费用中列支，在矿山、危险化学品工业集中的地方，当地政府可给予适当经费补助。

专职安全生产应急救援队伍是具有一定数量经过专业训练的专门人员、专业抢险救援装备、专门从事事故现场抢救的组织。平时，专职安全生产救援队伍主要任务是开展技能培训、训练、演练、排险、备勤，并参加现场安全生产检查、熟悉救援环境。

兼职安全生产应急救援队伍也应当具备存放于固定场所、保持完好的专业抢险救援装备，有健全的组织管理制度；其人员也应当具备相关的专业技能，能够熟练使用抢险救援装备，且定期进行专业培训、训练。

兼职安全生产应急救援队伍与专职的队伍主要差别在于，队伍的组成人员平时要从事其他岗位的工作，事故抢险时才迅速集结起来。专职安全生产应急救援队伍要具有独立进行常规事故抢救的能力；兼职安全生产应急救援队伍应当能够有效控制常规事故，为被困人员自救、互救和专职应急救援队伍开展抢险创造条件、提供帮助。

安全生产应急救援队伍或者应急救援人员不论是专职的还是兼职的，都应当具备所属行业领域事故抢救需要的专业特长。专、兼职安全生产应急救援队伍的规模应当符合有关规定，必须保证有足够的人员轮班值守。签订救援服务协议的专职安全生产应急救援队伍应当具备有关规定所要求的资质，并能够在有关规定所要求的时间内到达事故发生地。

2. 应急预案

企业应在开展安全风险评估和应急资源调查的基础上，建立生产安全事故应急预案体系，制定符合 GB/T 29639 规定的生产安全事故应急预案，针对安全风险较大的重点场所（设施）制定现场处置方案，并编制重点岗位、人员应急处置卡。

企业应按照有关规定将应急预案报当地主管部门备案，并通报应急救援队伍、周边企业等有关应急协作单位，企业应定期评估应急预案，及时根据评估结果或实际情况的变化进行修订和完善，并按照有关规定将修订的应急预案及时报当地主管部门备案。

（1）企业应急预案的种类。应急预案是指为有效预防和控制可能发生的事故，最大程度减少事故及其造成损害而预先制定的工作方案。应急预案主要包括以下三种：

1) 综合应急预案。综合应急预案是企业应急预案体系的总纲，主要从总体上阐述事故的应急工作原则，包括企业的应急组织机构及职责、应急预案体系、事故风险描述、预警及信息报告、应急响应、保障措施、应急预案管理等内容。

2) 专项应急预案。专项应急预案是企业为应对某一类型或某几种类型事故，或者针对重要生产设施、重大危险源、重大活动等内容而制定的应急预案。专项应急预案主要包括事故风险分析、应急指挥机构及职责、处置程序和措施等内容。

3) 现场处置方案。现场处置方案是企业根据不同事故类别，针对具体的场所、装置或设施所制定的应急处置措施，主要包括事故风险分析、应急工作职责、应急处置和注意事项等内容。企业应根据风险评估、岗位操作规程以及危险性控制措施，组织本单位现场作业人员及相关专业人员共同进行编制现场处置方案。

（2）应急预案的编制内容格式如下所示：

1) 封面。应急预案封面主要包括应急预案编号、应急预案版本号、企业名称、应急预案名称、编制单位名称、颁布日期等内容。

2) 批准页。应急预案应经企业主要负责人（或分管负责人）批准方可发布。

3) 目次。应急预案应设置目次，目次中所列的内容及次序如下：

①批准页。

②章的编号、标题。

③带有标题的条的编号、标题（需要时列出）。

④附件，用序号标明其顺序。

4) 印刷与装订。应急预案推荐采用 A4 版面印刷，活页装订。

3. 应急设施、装备、物资

企业应根据可能发生的事故种类特点，按照规定设置应急设施，配备应急装备，储备应急物资，建立管理台账，安排专人管理，并定期检查、维护、保养，确保其完好、可靠。

企业可以从以下几个方面做好应急储备物质的管理工作：

（1）严格按照"三分四定"制度，即应急物资储备分为携带物资、前运物资、留守物资三类，要有定人、定位、定车、定量进行管理。

（2）坚持"预防为主、有备无患"的工作原则，结合所承担的应急任务，建立科学、经济、有效的应急物资储备和运行机制，确保应急物资计划、采购、储备、调用、补充等工作科学、有序开展。

（3）做好本级应急物资储备，结合物资特性和应继需求，统一规划，实行实物储备，及时调整、补充。

（4）对不便保管、效期短或不能及时从市场上购买的物资与企业签订储备合同，随时调用。

（5）完善网络平台，建立应急物资储备信息库，在需要的时候能及时地检索出所需要的物资生产、供应信息。

（6）加强对应急储备物资的科学购置、严格管理和及时发放，做到迅捷，保障有力。

4. 应急演练

企业应按照 AQ/T 9007 的规定定期组织公司（厂、矿）、车间（工段、区、队）、班组开展生产安全事故应急演练，做到一线从业人员参与应急演练全覆盖，并按照 AQ/T 9009 的规定对演练进行总结和评估，根据评估结论和演练发现的问题，修订、完善应急预案，改进应急准备工作。

应急演练是指针对事故情景，依据应急预案而模拟开展的预警行动、事故报告、指挥协调、现场处置等活动。

（1）应急演练的类型。应急演练按照演练内容分为综合演练和单项演练，按照演练形式分为现场演练和桌面演练，不同类型的演练可相互组合。

1）综合演练。针对应急预案中多项或全部应急响应功能开展的演练活动。

2）单项演练。针对应急预案中某项应急响应功能开展的演练活动。

3）现场演练。选择（或模拟）生产经营活动中的设备、设施、装置或场所，设定事故情景，依据应急预案而模拟开展的演练活动。

4）桌面演练。针对事故情景，利用图纸、沙盘、流程图、计算机、视频等辅助手段，依据应急预案而进行交互式讨论或模拟应急状态下应急行动的演练活动。

（2）应急演练目的。应急演练目的主要包括：

1）检验预案。发现应急预案中存在的问题，提高应急预案的科学性、实用性和可操作性。

2）锻炼队伍。熟悉应急预案，提高应急人员在紧急情况下妥善处置事故的能力。

3）磨合机制。完善应急管理相关部门、单位和人员的工作职责，提高协调配合能力。

4）宣传教育。普及应急管理知识，提高参演和观摩人员风险防范意识和自救互救能力。

5）完善准备。完善应急管理和应急处置技术，补充应急装备和物资，提高其适用性和可靠性。

6）其他需要解决的问题。

（3）应急演练原则。应急演练应符合以下原则：

1）符合相关规定。按照国家相关法律、法规、标准及有关规定组织开展演练。

2）切合企业实际。结合企业生产安全事故特点和可能发生的事故类型组织开展演练。

3）注重能力提高。以提高指挥协调能力、应急处置能力为主要出发点组织开展演练。

4）确保安全有序。在保证参演人员及设备设施的安全的条件下组织开展演练。

（4）应急演练内容。应急演练的内容主要包括如下方面：

1）预警与报告。根据事故情景，向相关部门或人员发出预警信息，并向有关部门和人员报告事故情况。

2）指挥与协调。根据事故情景，成立应急指挥部，调集应急救援队伍和相关资源，开展应急救援行动。

3）应急通信。根据事故情景，在应急救援相关部门或人员之间进行音频、视频信号或数据信息互通。

4）事故监测。根据事故情景，对事故现场进行观察、分析或测定，确定事故严重程度、影响范围和变化趋势等。

5）警戒与管制。根据事故情景，建立应急处置现场警戒区域，实行交通管制，维护现场秩序。

6）疏散与安置。根据事故情景，对事故可能波及范围内的相关人员进行疏散、转移和安置。

7）医疗卫生。根据事故情景，调集医疗卫生专家和卫生应急队伍开展紧急医学救援，并开展卫生监测和防疫工作。

8）现场处置。根据事故情景，按照相关应急预案和现场指挥部要求对事故现场进行控制和处理。

9）社会沟通。根据事故情景，召开新闻发布会或事故情况通报会，通报事故有关情况。

10）后期处置。根据事故情景，应急处置结束后，所开展的事故损失评估、事故原因调查、事故现场清理和相关善后工作。

11）其他。根据相关行业（领域）安全生产特点所包含的其他应急功能。

（5）演练组织与实施：

1）演练计划。演练计划应包括演练目的、类型（形式）、时间、地点，演练主要内容、参加单位和经费预算等。

2）演练准备。成立演练组织机构：综合演练通常成立演练领导小组，下设策划组、执行组、保障组、评估组等专业工作组。根据演练规模大小，其组织机构可进行调整。

①领导小组。负责演练活动筹备和实施过程中的组织领导工作，具体负责审定演练工作方案、演练工作经费、演练评估总结以及其他需要决定的重要事项等。

②策划组。负责编制演练工作方案、演练脚本、演练安全保障方案或应急预案、宣传报道材料、工作总结和改进计划等。

③执行组。负责演练活动筹备及实施过程中与相关单位、工作组的联络和协调、事故情景布置、参演人员调度和演练进程控制等。

④保障组。负责演练活动工作经费和后勤服务保障，确保演练安全保障方案或应急预案落实到位。

⑤评估组。负责审定演练安全保障方案或应急预案，编制演练评估方案并实施，进行演练现场点评和总结评估，撰写演练评估报告。

3）编制演练文件：

①演练工作方案。演练工作方案内容主要包括：应急演练目的及要求；应急演练事故情景设计；应急演练规模及时间；参演单位和人员主要任务及职责；应急演练筹备工作内容；应急演练主要步骤；应急演练技术支撑及保障条件；应急演练评估与总结。

②演练脚本。根据需要，可编制演练脚本。演练脚本是应急演练工作方案具体操

作实施的文件，帮助参演人员全面掌握演练进程和内容。演练脚本一般采用表格形式，主要内容包括：演练模拟事故情景；处置行动与执行人员；指令与对白、步骤及时间安排；视频背景与字幕；演练解说词等。

③演练评估方案。演练评估方案通常包括：演练信息，即应急演练目的和目标、情景描述，应急行动与应对措施简介等；评估内容，即应急演练准备、应急演练组织与实施、应急演练效果等；评估标准，即应急演练各环节应达到的目标评判标准；评估程序，即演练评估工作主要步骤及任务分工；附件，即演练评估所需要用到的相关表格等。

4）演练保障方案。针对应急演练活动可能发生的意外情况制定演练保障方案或应急预案，并进行演练，做到相关人员应知应会，熟练掌握。演练保障方案应包括应急演练可能发生的意外情况、应急处置措施及责任部门，应急演练意外情况中止条件与程序等。

5）演练观摩手册。根据演练规模和观摩需要，可编制演练观摩手册。演练观摩手册通常包括应急演练时间、地点、情景描述、主要环节及演练内容、安全注意事项等。

（6）演练工作保障：

1）人员保障。按照演练方案和有关要求，策划、执行、保障、评估、参演等人员参加演练活动，必要时考虑替补人员。

2）经费保障。根据演练工作需要，明确演练工作经费及承担单位。

3）物资和器材保障。根据演练工作需要，明确各参演单位所准备的演练物资和器材等。

4）场地保障。根据演练方式和内容，选择合适的演练场地。演练场地应满足演练活动需要，避免影响企业和公众正常生产、生活。

5）安全保障。根据演练工作需要，采取必要安全防护措施，确保参演、观摩等人员以及生产运行系统安全。

6）通信保障。根据演练工作需要，采用多种公用或专用通信系统，保证演练通信信息通畅。

7）其他保障。根据演练工作需要，提供的其他保障措施。

5. 应急救援信息系统建设

矿山、金属冶炼等企业，生产、经营、运输、储存、使用危险物品或处置废弃危险物品的生产经营单位，应建立生产安全事故应急救援信息系统，并与所在地县级以上地方人民政府负有安全生产监督管理职责部门的安全生产应急管理信息系统互联互通。

根据相关法律、法规要求，国家安全生产应急平台体系建设要在国家安全生产应急救援体系构架下，以国家安全生产信息系统为主体，同时考虑政府电子政务系统的利用，搭建以国家安全生产应急救援指挥中心应急平台为中心，以 11 个国家专业应急管理与协调指挥机构、中央企业安全生产应急管理与协调指挥机构、32 个省级安全生产应急救援指挥中心、28 个省级矿山救援指挥中心和 333 个市（地）级安全生产应急管理与协调指挥机构应急平台为支撑，以 23 个国家级矿山应急救援基地、20 个国家级危险化学品应急救援基地、11 个国家级矿山排水基地、1 个国家级矿山医疗救护中心、18 个国家级矿山医疗救护基地、16 个国家级危险化学品医疗救护基地、各专业部门及中央企业下属的安全生产应急管理与协调指挥机构和救援队伍为终端节点，形成上下贯通、左右衔接、互联互通、信息共享、互有侧重、互为支撑的国家安全生产应急平台体系。

省（区、市）、市（地）、有关部门和中央企业安全生产应急管理与协调指挥机构应急平台的综合应用系统应包括的子系统及其功能如下：

（1）应急值守管理子系统。实现生产安全事故的信息接收、屏幕显示、跟踪反馈、专家视频会商、图像传输控制、电子地图 GIS 管理和情况综合等应急值守业务管理。利用本地区、本部门监测网络，掌握重大危险源空间分布和运行状况信息，进行动态监测，分析风险隐患，对可能发生的特别重大事故进行预测预警。

通过应急平台在事发 3 小时内向国家安全生产应急救援指挥中心报送特别重大、重大生产安全事故信息及事故现场音视频信息。市（地）级应急值守管理子系统要增加辅助接警功能，与当地公安、消防、交警、急救形成的统一接警平台相连接，处理生产安全事故应急救援接报信息。

（2）应急救援决策支持子系统。生产安全事故发生后，通过汇总分析相关地区和部门的预测结果，结合事故进展情况，对事故影响范围、影响方式、持续时间和危害程度等进行综合研判。在应急救援决策和行动中，能够针对当前灾情，采集相应的资源数据、地理信息、历史处置方案，通过调用专家知识库，对信息综合集成、分析、处理、评估，研究制定相应技术方案和措施，对救援过程中遇到的技术难题提出解决方案，实现应急救援的科学性和准确性。

（3）应急救援预案管理子系统。遵循分级管理、属地为主的原则。根据有关应急预案，利用生产安全事故的研判结果，通过应急平台对有关法律、法规、政策、安全规程规范、救援技术要求以及处理类似事故的案例等进行智能检索和分析，并咨询专家意见，提供应对生产安全事故的措施和应急救援方案。根据应急救援过程不同阶段处置效果的反馈，在应急平台上实现对应急救援方案的动态调整和优化。

（4）应急救援资源和调度子系统。在建立集通信、信息、指挥和调度于一体的应急资源和资产数据库的基础上，实施对专业队伍、救援专家、储备物资、救援装备、通信保障和医疗救护等应急资源的动态管理。在突发重大事件时，应急指挥人员通过应急平台，迅速调集救援资源进行有效的救援，为应急指挥调度提供保障。与此同时，自动记录事故的救援过程，根据有关评价指标，对救援过程和能力进行综合评估。

（5）应急救援培训与演练子系统及其应具有的功能。事故模拟和应急预案模拟演练；合理组织应急资源的调派（包括人力和设备等）；协调各应急部门、机构、人员之间的关系；提高公众应急意识，增强公众应对突发重大事故救援的信心；提高救援人员的救援能力；明确救援人员各自的岗位和职责；提高各预案之间的协调性和整体应急反应能力。

（6）应急救援统计与分析子系统。实现快速完成复杂的报表设计和报表格式的调整。对数据库中的数据可任意查询、统计分析，如叠加汇总、选择汇总、分类汇总、多维分析、多年（月）数据对比分析、统计图展示等，可以将各种分析结果打印输出，也可将分析结果发布到互联网上，为各级应急救援单位的管理者提供决策依据。

（7）应急救援队伍资质评估子系统。准确判断本区域（或领域）内，某一救援队伍的应急救援能力，了解某一区域内某专业救援队伍的应急救援能力，为应急救援协调指挥、应急救援预案管理、应急救援培训演练以及应急救援资源调度提供准确、可靠依据。

（8）基础数据库和专用数据库。要按照条块结合、属地为主的原则，充分利用国家安全生产信息系统即将建成的基础数据库，建设满足应急救援和管理要求的安全生产综合共用基础数据库和安全生产应急救援指挥应用系统的专用数据库，收集存储和管理管辖范围内与安全生产应急救援有关的信息和静态、动态数据，可供国家安全生产应急救援指挥中心应急平台和其他相关应急平台远程运用，数据库建设要遵循组织合理、结构清晰、冗余度低、便于操作、易于维护、安全可靠、扩充性好的原则，并建立数据库系统实时更新以及各地区和各有关部门安全生产应急管理与协调指挥机构应急平台间的数据共享机制。

二、 应急处置

发生事故后，企业应根据预案要求，立即启动应急响应程序，按照有关规定报告事故情况，并开展先期处置：

发出警报，在不危及人身安全时，现场人员采取阻断或隔离事故源、危险源等措施；严重危及人身安全时，迅速停止现场作业，现场人员采取必要的或可能的应急措施后撤离危险区域。

立即按照有关规定和程序报告本企业有关负责人，有关负责人应立即将事故发生的时间、地点、当前状态等简要信息向所在地县级以上地方人民政府负有安全生产监督管理职责的有关部门报告，并按照有关规定及时补报、续报有关情况；情况紧急时，事故现场有关人员可以直接向有关部门报告；对可能引发次生事故灾害的，应及时报告相关主管部门。

研判事故危害及发展趋势，将可能危及周边生命、财产、环境安全的危险性和防护措施等告知相关单位与人员；遇有重大紧急情况时，应立即封闭事故现场，通知本单位从业人员和周边人员疏散，采取转移重要物资、避免或减轻环境危害等措施。

请求周边应急救援队伍参加事故救援，维护事故现场秩序，保护事故现场证据。准备事故救援技术资料，做好向所在地人民政府及其负有安全生产监督管理职责的部门移交救援工作指挥权的各项准备。

事故现场的应急处置工作，应做好以下几个方面的工作：

（1）做好企业先期处置。发生事故或险情后，企业要立即启动相关应急预案，在确保安全的前提下组织抢救遇险人员，控制危险源，封锁危险场所，杜绝盲目施救，防止事态扩大；要明确并落实生产现场带班人员、班组长和调度人员直接处置权和指挥权，在遇到险情或事故征兆时立即下达停产撤人命令，组织现场人员及时、有序撤离到安全地点，减少人员伤亡。

要依法依规及时、如实地向当地安全生产监管监察部门和负有安全生产监督管理职责的有关部门报告事故情况，不得瞒报、谎报、迟报、漏报，不得故意破坏事故现场、毁灭证据。

（2）加强政府应急响应。事故发生地人民政府及有关部门接到事故报告后，相关负责同志要立即赶赴事故现场，按照有关应急预案规定，成立事故应急处置现场指挥部，代表本级人民政府履行事故应急处置职责，组织开展事故应急处置工作。

指挥部是事故现场应急处置的最高决策指挥机构，实行总指挥负责制。总指挥要认真履行指挥职责，明确下达指挥命令，明确责任、任务、纪律。指挥部会议、重大决策事项等要指定专人记录，指挥命令、会议纪要和图纸资料等要妥善保存。事故现场所有人员要严格执行指挥部指令，对于延误或拒绝执行命令的，要严肃追究责任。

按照事故等级和相关规定，上一级人民政府成立指挥部的，下一级人民政府指挥部要立即移交指挥权，并继续配合做好应急处置工作。

事故发生地有关单位、各类安全生产应急救援队伍接到地方人民政府及有关部门的应急救援指令或有关企业的请求后，应当及时出动参加事故救援。

（3）强化救援现场管理。指挥部要充分发挥专家组、企业现场管理人员和专业技术人员以及救援队伍指挥员的作用，实行科学决策。要根据事故救援需要和现场实际需要划定警戒区域，及时疏散和安置事故可能影响的周边居民和群众，疏导劝离与救援无关的人员，维护现场秩序，确保救援工作高效有序。必要时，要对事故现场实行隔离保护，尤其是矿井井口、危险化学品处置区域、火区灾区入口等重要部位要实行专人值守，未经指挥部批准，任何人不准进入。要对现场周边及有关区域实行交通管制，确保应急救援通道畅通。

（4）确保安全有效施救。救援过程中，要严格遵守安全规程，及时排除隐患，确保救援人员安全。救援队伍指挥员应当作为指挥部成员，参与制定救援方案等重大决策，并根据救援方案和总指挥命令组织实施救援；在行动前要了解有关危险因素，明确防范措施，科学组织救援，积极搜救遇险人员。遇到突发情况危及救援人员生命安全时，救援队伍指挥员有权作出处置决定，迅速带领救援人员撤出危险区域，并及时报告指挥部。

（5）适时把握救援暂停和终止。对于继续救援直接威胁救援人员生命安全、极易造成次生衍生事故等情况，指挥部要组织专家充分论证，作出暂停救援的决定；在事故现场得以控制、导致次生衍生事故隐患消除后，经指挥部组织研究，确认符合继续施救条件时，再行组织施救，直至救援任务完成。因客观条件导致无法实施救援或救援任务完成后，在经专家组论证并做好相关工作的基础上，指挥部要提出终止救援的意见，报本级人民政府批准。

三、 应急评估

企业应对应急准备、应急处置工作进行评估。

矿山、金属冶炼等企业，生产、经营、运输、储存、使用危险物品或处置废弃危险物品的企业，应每年进行一次应急准备评估。

完成险情或事故应急处置后，企业应主动配合有关组织开展应急处置评估。

（1）事故调查组应当单独设立应急处置评估组，专职负责对事故单位和事发地人民政府的应急处置工作进行评估。事故调查组应急处置评估组组长一般由安全生产应急管理机构人员担任，有关单位人员参加，并根据需要聘请相关专家参与评估工作。应急处置评估组根据工作需要，可以采取下列措施：

1）听取事故单位和事发地人民政府事故应急处置现场指挥部（以下简称现场指挥部）事故及应急处置情况说明。

2）现场勘查。

3）查阅相关文字、音像资料和数据信息。

4）询问有关人员。

5）组织专家论证，必要时可以委托相关机构进行技术鉴定。

（2）事故单位和现场指挥部应当分别总结事故应急处置工作，向事故调查组和上一级安全生产监管监察部门提交总结报告。总结报告内容包括：

1）事故基本情况。

2）先期处置情况及事故信息接收、流转与报送情况。

3）应急预案实施情况。

4）组织指挥情况。

5）现场救援方案制定及执行情况。

6）现场应急救援队伍工作情况。

7）现场管理和信息发布情况。

8）应急资源保障情况。

9）防控环境影响措施的执行情况。

10）救援成效、经验和教训。

11）相关建议。

事故单位和现场指挥部应当妥善保存并整理好与应急处置有关的书证和物证。

（3）应急处置评估组对事故单位的评估，应当包括以下内容：

1）应急响应情况，包括事故基本情况、信息报送情况等。

2）先期处置情况，包括自救情况、控制危险源情况、防范次生灾害发生情况。

3）应急管理规章制度的建立和执行情况。

4）风险评估和应急资源调查情况。

5）应急预案的编制、培训、演练、执行情况。

6）应急救援队伍、人员、装备、物资储备、资金保障等方面的落实情况。

（4）应急处置评估组应当向事故调查组提交应急处置评估报告。评估报告包括以下内容：

1）事故应急处置基本情况。

2）事故单位应急处置责任落实情况。

3）地方人民政府应急处置责任落实情况。

4）评估结论。

5）经验教训。

6）相关工作建议。

事故调查组应当将应急处置评估内容纳入事故调查报告。

第七节　事 故 管 理

一、报告

企业应建立事故报告程序，明确事故内外部报告的责任人、时限、内容等，并教育、指导从业人员严格按照有关规定的程序报告发生的生产安全事故。

企业应妥善保护事故现场以及相关证据。

事故报告后出现新情况的，应当及时补报。

1. 事故报告的责任

《安全生产法》和《生产安全事故报告和调查处理条例》都明确规定了事故报告责任，下列人员和单位负有报告事故的责任：

（1）事故现场有关人员。

（2）事故发生单位的主要负责人。

（3）安全生产监督管理部门。

（4）负有安全生产监督管理职责的有关部门。

（5）有关地方人民政府。

事故单位负责人既有向县级以上人民政府安全生产监督管理部门报告的责任，又有向负有安全生产监督管理职责的有关部门报告的责任，即事故报告是两条线，实行双报告制。

安全生产监督管理部门和负有安全生产监督管理职责的有关部门，既有向上级部门报告事故的责任，又有同时报告本级人民政府的责任。

2. 事故报告的程序和时限

根据《生产安全事故报告和调查处理条例》的有关规定，事故现场有关人员、事故单位负责人和有关部门应当按照下列程序和时间要求报告事故：

（1）事故发生后，事故现场有关人员应当立即向本单位负责人报告；情况紧急时，事故现场有关人员可以直接向事故发生地县级以上人民政府安全生产监督管理部门和负有安全生产监督管理职责的有关部门报告。

（2）单位负责人接到事故报告后，应当于1小时内向事故发生地县级以上人民政府安全生产监督管理部门和负有安全生产监督管理职责的有关部门报告。

（3）安全生产监督管理部门和负有安全生产监督管理职责的有关部门接到事故报告后，应当按照事故的级别逐级上报事故情况，并报告同级人民政府，通知公安机关、劳动保障行政部门、工会和人民检察院，且每级上报的时间不得超过2小时。

1）特别重大事故、重大事故逐级上报至国务院安全生产监督管理部门和负有安全生产监督管理职责的有关部门。

2）较大事故逐级上报至省、自治区、直辖市人民政府安全生产监督管理部门和负有安全生产监督管理职责的有关部门。

3）一般事故上报至设区的市级人民政府安全生产监督管理部门和负有安全生产监督管理职责的有关部门。

（4）国务院安全生产监督管理部门和负有安全生产监督管理职责的有关部门以及省级人民政府接到发生特别重大事故、重大事故的报告后，应当立即报告国务院。

必要时，安全生产监督管理部门和负有安全生产监督管理职责的有关部门可以越级上报事故情况。

3. 事故报告的内容

根据《生产安全事故报告和调查处理条例》的有关规定，事故报告的内容应当包括事故发生单位概况、事故发生的时间、地点、简要经过和事故现场情况，事故已经造成或者可能造成的伤亡人数和初步估计的直接经济损失，以及已经采取的措施等。事故报告后出现新情况的，还应当及时补报。

（1）事故发生单位概况。事故发生单位概况应当包括单位的全称、所处地理位置、所有制形式和隶属关系、生产经营范围和规模、持有各类证照的情况、单位负责人的基本情况以及近期的生产经营状况等。对于不同行业的企业，报告的内容应该根据实际情况来确定，但是应当以全面、简洁为原则。

（2）事故发生的时间、地点以及事故现场情况。报告事故发生的时间应当具体，并尽量精确到分钟。报告事故发生的地点要准确，除事故发生的中心地点外，还应当报告事故所波及的区域。报告事故现场的情况应当全面，不仅应当报告现场的总体情况，还应当报告现场的人员伤亡情况、设备设施的毁损情况；不仅应当报告事故发生后的现场情况，还应当尽量报告事故发生前的现场情况。

（3）事故的简要经过。事故的简要经过是对事故全过程的简要叙述。核心要求在于"全"和"简"。"全"就是要全过程描述，"简"就是要简单明了。但是，描述要前后衔接、脉络清晰、因果相连。需要强调的是，由于事故的发生往往是在一瞬间，对事故经过的描述应当特别注意事故发生前作业场所有关人员和设备设施的一些细节，因为这些细节可能就是引发事故的重要原因。

（4）事故已经造成或者可能造成的伤亡人数（包括下落不明的人数）和初步估计的直接经济损失。对于人员伤亡情况的报告，应当遵守实事求是的原则，不做无根据的猜测，更不能隐瞒实际伤亡人数。在矿山事故中，往往出现多人被困井下的情况，对可能造成的伤亡人数，要根据事故单位当班记录，尽可能准确地报告。对直接经济损失的初步估算，主要指事故所导致的建筑物的毁损、生产设备设施和仪器仪表的损坏等。由于人员伤亡情况和经济损失情况直接影响事故等级的划分，并因此决定事故的调查处理等后续重大问题，在报告这方面情况时应当谨慎细致，力求准确。

（5）已经采取的措施。已经采取的措施主要是指事故现场有关人员、事故单位负责人、已经接到事故报告的安全生产管理部门为减少损失、防止事故扩大和便于事故调查所采取的应急救援和现场保护等具体措施。

（6）事故的补报。事故报告后出现新情况的，应当及时补报。自事故发生之日起30日内，事故造成的伤亡人数发生变化的，应当及时补报。道路交通事故、火灾事故自发生之日起7日内，事故造成的伤亡人数发生变化的，应当及时补报。

二、 调查和处理

企业应建立内部事故调查和处理制度，按照有关规定、行业标准和国际通行做法，将造成人员伤亡（轻伤、重伤、死亡等人身伤害和急性中毒）和财产损失的事故纳入事故调查和处理范畴。

企业发生事故后，应及时成立事故调查组，明确其职责与权限，进行事故调查。事故调查应查明事故发生的时间、经过、原因、波及范围、人员伤亡情况及直接经济损失等。

事故调查组应根据有关证据、资料，分析事故的直接、间接原因和事故责任，提出应吸取的教训、整改措施和处理建议，编制事故调查报告。

企业应开展事故案例警示教育活动，认真吸取事故教训，落实防范和整改措施，防止类似事故再次发生。

企业应根据事故等级，积极配合有关人民政府开展事故调查。

1. 事故现场调查

事故现场的调查主要包括事故现场保护、事故现场的处理、事故证据的勘查与收集整理三部分。

（1）事故现场保护。事故调查组的首要任务是进行事故现场的保护，因为事故现场的各种证据是判断事故原因以及确定事故责任的重要物质条件，需要尽量最大可能给予保护。但是由于在事故救援阶段，各种人员的出入会对事故现场造成破坏，另外群众的围观也会给现场保护工作带来影响。所以应该从下面几个方面开展工作保护事故现场免受过多的破坏。

《生产安全事故报告和调查处理条例》第十六条规定："事故发生后，有关单位和人员应当妥善保护事故现场以及相关证据，任何人不得破坏事故现场、毁灭相关证据"。这里明确了两个问题，一是保护事故现场以及相关证据是有关单位和人员的法定义务。所谓"有关单位和人员"是事故现场保护的义务主体，既包括在事故现场的事故发生单位及其有关人员，也包括在事故现场的有关地方人民政府安全生产监督管理部门、负有安全生产监督管理职责的有关部门、事故应急救援组织等单位及其有关人员，只要是在事故现场的单位和人员，都有妥善保护现场和相关证据的义务。二是禁止破坏事故现场、毁灭有关证据。不论是过失还是故意，有关单位和人员均不得破坏事故现场、毁灭相关证据。有上述行为的，将要承担相应的法律责任。事故现场保护要做到的工作包括：核实事故情况，尽快上报事故情况；确定保护区的范围，布置警戒线；控制好事故肇事人；尽量收集事故的相关信息以便事故调查组查阅。

事故现场的保护要方法得当。对露天事故现场的保护范围可以大一些，然后根据实际情况再调整；对生产车间事故现场的保护则主要是采取封锁入口，控制人员进出；对于事故破损部件，残留件等要求不能触动，以免破坏事故现场。

（2）事故现场的处理和勘查当调查组进入现场或做模拟试验需要移动某些物体时，必须做好现场的标志，同时要采用照相或摄像，将可能被清除或践踏的痕迹记录下来，以保证现场勘察调查能获得完整的事故信息内容。调查组进入事故现场进行调查的过程中，在事故调查分析没有形成结论以前，要注意保护事故现场，不得破坏与事故有关的物体、痕迹、状态等。

（3）事故证据的勘查与收集：

1）现场勘察与证物收集。对损坏的物体、部件、碎片、残留物、致害物的位置等，均应贴上标签，注明时间、地点、管理者；所有物件应保持原样，不准冲洗擦拭；对健康有害的物品，应采取不损坏原始证据的安全保护措施。

2）事故现场摄影。应做好以下几方面的拍照：

①方位拍照。要能反映事故现场在周围环境中的位置。

②全面拍照。要能反映事故现场各部分之间的联系。

③中心拍照。反映事故现场中心情况。

④细目拍照。解释事故直接原因的痕迹物、致害物等。

⑤人体拍照。反映死亡者主要受伤和造成死亡的伤害部位。

3）事故图绘制。根据事故类别和规模以及调查工作的需要，绘出事故调查分析所必须了解的信息示意图，如建筑物平面图、剖面图，事故现场涉及范围图，设备或工具器具构造简图、流程图，受害者位置图，事故状态下人员位置及疏散图，破坏物立体图或展开图等。

4）证人材料搜集。尽快搜集证人口述材料，然后认真考证其真实性，听取单位领导和群众意见。

5）事故事实材料搜集。包括与事故鉴别、记录有关的材料和与事故发生有关的事实材料。

2. 事故原因分析

事故原因的调查分析包括事故直接原因和间接原因的调查分析。调查分析事故发生的直接原因就是分别对物和人的因素进行深入、细致的追踪，弄清在人和物方面所有的事故因素，明确它们的相互关系和所占的重要程度，从中确定事故发生的直接原因。

事故间接原因的调查就是调查分析导致人的不安全行为、物的不安全状态，以及人、物、环境的失调得以产生的原因，弄清为什么存在不安全行为和不安全状态，为什么没能在事故发生前采取措施，预防事故的发生。

导致事故发生的原因是多方面的，主要可以概况为下面3个方面的原因：

（1）劳动过程中设备、设施和环境等因素是导致事故的重要原因。这些因素主要包括：生产环境的优劣，生产设备的状态，生产工艺是否合理，原材料的毒害程度等。这些是硬件方面的原因，属于比较直接的原因。

（2）安全生产管理方面的因素也是导致事故的主要原因。这里主要包括安全生产的规章制度是否完善，安全生产责任制是否落实，安全生产组织机构是否开展有效工作，安全生产经费是否到位，安全生产宣传教育工作的开展情况，安全防护装置的保养状况，安全警告标志和逃生通道是否齐全等。这些原因相对需要认真分析，属于更深入的原因。

（3）事故肇事人的状况也是导致事故的直接因素。这里主要包括其操作水平，熟练程度，经验是否丰富，精神状态是否良好，是否违章操作等。人的因素是事故原因中很主要的因素，需要重点分析，这是事故发生发展的关键原因。

对事故进行分析有很多方法，目的都是为了找到导致事故发生的原因。首先从专项技术的角度来分别探讨事故的技术原因，然后从事故统计的高度探讨宏观的事故统计分析法，最后通过安全系统分析法的介绍从全局的角度全面分析事故的发生发展过程。

3. 确定事故责任

查找事故原因的目的是确定事故责任。事故调查分析不仅要明确事故的原因，要更重要的是要确定事故责任，落实防范措施，确保不再出现同类事故。这是加强安全生产的重要手段。目前，事故性质分为责任事故、非责任事故和人为破坏事故。

（1）责任事故，是指由于工作不到位导致的事故，是一种可以预防的事故，责任事故需要处理相应的责任人。

（2）非责任事故，是指由于一些不可抗拒的力量而导致的事故。这些事故的原因主要是由于人类对自然的认识水平有限，需要在今后的工作中更加注意预防工作，防止同类事故的再次发生。

（3）人为破坏事故，是指有人预先恶意地对机器设备以及其他因素进行破坏，导致其他人在不知情的状况下发生了事故。这类事故一般都属于刑事案件，相关责任人要受到法律的制裁。

事故责任人的责任主要包括直接责任人、领导责任人和间接责任人三种。

（1）直接责任人，是指由于当事人与重大事故及其损失有直接因果关系，是对事故发生以及导致一系列后果起决定性作用的人员。

（2）领导责任人，是指当事人的行为虽然没有直接导致事故发生，但由于其领导监管不力而导致事故所应承担的责任。

（3）间接责任人，是指当事人与事故的发生具有间接的关系，需要承担相应的责任。

事故责任的确定是整个事故调查分析中最难的环节，因为责任确定的过程就是将事故原因分解给不同人员的过程。这个问题说起来很简单，但对于事故调查组成员来说无论处理谁都是不情愿的，但由于事故的责任人必须受到处罚，所以事故调查组就要公正地对待所有涉及事故的人员，公平、公正、科学、合理地确定相应的责任。凡因下述原因造成事故，应首先追究领导者的责任：

（1）没有按规定对工人进行安全教育和技术培训，或未经公众考试合格就上岗操作的。

（2）缺乏安全技术操作规程或制度与规程不健全的。

（3）设备严重失修或超负载运转。

（4）安全措施、安全信号、安全标志、安全用具、个人防护用品缺乏或有缺陷的。

（5）对事故熟视无睹，不认真采取措施或挪用安全技术措施经费，致使重复发生同类事故的。

（6）对现场工作缺乏检查或指导错误的。特大安全事故肇事单位和个人的刑事处罚、行政处罚和民事责任，依照有关法律、法规和规章的规定执行。

三、 管理

企业应建立事故档案和管理台账，将承包商、供应商等相关方在企业内部发生的事故纳入本企业事故管理。

企业应按照 GB 6441、GB/T 15499 的有关规定和国家、行业确定的事故统计指标开展事故统计分析。

根据 GB 6441—1986《企业职工伤亡事故分类标准》，企业伤害事故共分为 20 种，分别是物体打击、车辆伤害、机械伤害、起重伤害、触电、淹溺、灼烫、火灾、高处坠落、坍塌、冒顶片帮、透水、爆破、火药爆炸、瓦斯爆炸、锅炉爆炸、容器爆炸、其他爆炸、中毒和窒息、其他伤害。

GB/T 15499—1995《事故伤害损失工作日标准》详细规定了定量记录人体伤害程度的方法及伤害对应的损失工作日数值，适用于企业职工伤亡事故造成的身体伤害。

2016 年 7 月 27 日，国家安全生产监督管理总局办公厅印发了《生产安全事故统计管理办法》（安监总厅统计〔2016〕80 号）。办法明确规定，生产安全事故原则上由县级安全生产监督管理部门归口统计、联网直报。个别跨县级行政区域的特殊行业领域生产安全事故统计信息，按照国家安全生产监督管理总局和有关行业领域主管部门确定的生产安全事故统计信息通报形式，实行上级安全生产监督管理部门归口直报。办法明确要求，各级安全生产监督管理部门要真实、准确、完整、及时按照 GB/T 4754—2011《国民经济行业分类》分类统计生产安全事故。对符合核销条件的生产安全事故应当经过公示、备案，才能核销。根据办法，各级安全生产监督管理部门应确保统计信息的真实性和完整性，并对本行政区域内生产安全事故统计工作进行监督检查。办法指出，国家安全生产监督管理总局将进一步建立、健全生产安全事故统计数据修正制度，采用多种统计调查方法对生产安全事故统计数据进行核查、修正，并对外公布。

1. 事故统计的基本任务

（1）对每起事故进行统计调查，弄清事故发生的情况和原因。

（2）对一定时间内、一定范围内事故发生的情况进行测定。

（3）根据大量统计资料，借助数理统计手段，对一定时间内、一定范围内事故发生的情况、趋势以及事故参数的分布进行分析、归纳和推断。

事故统计的任务与事故调查是一致的。统计建立在事故调查的基础上，没有成功的事故调查，就没有正确的统计。调查要反映有关事故发生的全部详细信息，统计则抽取那些能反映事故情况和原因的最主要的参数。事故调查从已发生的事故中得到预防相同或类似事故的发生经验，是直接的，是局部性的。而事故统计对于预防作用既有直接性，又有间接性，是总体性的。

2. 事故统计分析的目的

事故统计分析的目的，是通过合理地收集与事故有关的资料、数据，并应用科学的统计方法，对大量重复显现的数字特征进行整理、加工、分析和推断，找出事故发生的规律和事故发生的原因，为制定法规、加强工作决策，采取预防措施，防止事故重复发生，起到重要指导作用。

3. 事故统计的步骤

事故统计工作一般分为 3 个步骤：

（1）资料搜集。资料搜集又称统计调查，是根据统计分析的目的，对大量零星的原始材料进行技术分组。它是整个事故统计工作的前提和基础。资料搜集是根据事故统计的目的和任务，制定调查方案，确定调查对象和单位，拟定调查项目和表格，并按照事故统计工作的性质，选定方法。我国伤亡事故统计是一项经常性的统计工作，采用报告法，下级按照国家制定的报表制度，逐级将伤亡事故报表上报。

（2）资料整理。资料整理又称统计汇总，是将搜集的事故资料进行审核、汇总，并根据事故统计的目的和要求计算有关数值。汇总的关键是统计分组，就是按一定的统计标志，将分组研究的对象划分为性质相同的组。如按事故类别、事故原因等分组，然后按组进行统计计算。

（3）综合分析。综合分析是将汇总整理的资料及有关数值，填入统计表或绘制统计图，使大量的零星资料系统化、条理化、科学化，是统计工作的结果。事故统计结果可以用统计指标、统计表、统计图等形式表达。

第八节　持续改进

一、 绩效评定

企业每年至少应对安全生产标准化管理体系的运行情况进行一次自评，验证各项安全生产制度措施的适宜性、充分性和有效性，检查安全生产和职业卫生管理目标、指标的完成情况。

企业主要负责人应全面负责组织自评工作，并将自评结果向本企业所有部门、单位和从业人员通报。自评结果应形成正式文件，并作为年度安全绩效考评的重要依据。

企业应落实安全生产报告制度，定期向业绩考核等有关部门报告安全生产情况，并向社会公示。

企业发生生产安全责任死亡事故，应重新进行安全绩效评定，全面查找安全生产标准化管理体系中存在的缺陷。

企业安全生产标准化工作实行企业自主评定、外部评审的方式。企业应当根据本标准和有关评分细则，对本企业开展安全生产标准化工作情况进行评定；自主评定后申请外部评审定级。

企业应每年至少一次对本单位安全生产标准化的实施情况进行评定，验证各项安全生产制度措施的适宜性、充分性和有效性，检查安全生产工作目标、指标的完成情况。

1. 适宜性

适宜性是指所制定的各项安全生产制度措施是否适合于企业的实际情况；所制定的安全生产工作目标、指标及其落实方式是否合理；新制度与原有的其他管理方式是否融合，相得益彰；有关的措施制度能否被职工接受并很好的落实。

2. 充分性

充分性是指各项安全管理的制度措施是否满足了安全生产标准化规范的全部管理要求；所有的管理措施、管理制度是否有效运行；对相关方的管理是否有效。

3. 有效性

有效性是指能否保证实现企业的安全工作目标、指标；是否以隐患排查治理为基础，对所有排查出的隐患实施了有效的治理与控制；对重大危险源能否有效地监控；企业员工通过安全标准化工作的推进，是否提高了安全意识，并能够自觉遵守安全管理规章制度和操作规程；企业安全生产工作是否得到相应的进展。

企业主要负责人应对绩效评定工作全面负责。评定工作应形成正式文件，并将结果向所有部门、所属单位和从业人员通报，作为年度考评的重要依据。

如果发生了伤亡事故，说明企业在安全管理中的某些环节出现了严重的缺陷或问题，需要马上对相关的安全管理制度、措施进行客观评定，努力找出问题根源所在，有的放矢，对症下药，不断完善有关制度和措施。评定过程中，要对前一次评定后突出的纠正措施、建议的落实情况与效果作出评价，并向企业的所有部门和员工通报。

二、 持续改进

企业应根据安全生产标准化管理体系的自评结果和安全生产预测预警系统所反映的趋势，以及绩效评定情况，客观分析企业安全生产标准化管理体系的运行质量，及时调整完善相关制度文件和过程管控，持续改进，不断提高安全生产绩效。

在《企业安全生产标准化基本规范》的许多条款中，已经直接提出了对安全管理的一些具体环节要持续改进的要求。除此之外，持续改进更重要的内涵是，企业负责人通过对一定时期后的评定结果的认真分析，及时将某些部门做得比较好的管理方式及管理方法，在企业内所有部门进行全面推广。

对发现的系统问题及需要努力改进的方面及时作出调整和安排。在必要的时候，把握好合适的时机，及时调整安全生产目标、指标，或修订不合理的规章制度、操作规程，使企业的安全生产管理水平不断提升。

企业应根据安全生产标准化的评定结果和安全生产预警指数系统所反映的趋势，

对安全生产目标、指标、规章制度、操作规程等进行修改完善，持续改进，不断提高安全绩效。

　　企业负责人还要根据安全生产预警指数数值大小，对比、分析查找趋势升高、降低的原因，对可能存在的隐患及时进行分析、控制和整改，并提出下一步安全生产工作的关注重点。

第五章 企业安全生产标准化评审

第一节 企业安全生产标准化评审工作管理

一、管理办法

为有效实施《企业安全生产标准化基本规范》，规范和加强企业安全生产标准化评审工作，2014年6月3日，国家安全生产监督管理总局下发了《企业安全生产标准化评审工作管理办法（试行）》（安监总办〔2014〕49号），要求企业应通过安全生产标准化建设，建立以安全生产标准化为基础的企业安全生产管理体系，保持有效运行，及时发现和解决安全生产问题，持续改进，不断提高安全生产水平。《企业安全生产标准化评审工作管理办法（试行）》印发之日起施行，施行后，国家安全生产监督管理总局印发的《非煤矿山安全生产标准化评审工作管理办法》（安监总管一〔2011〕190号）、《危险化学品从业单位安全生产标准化评审工作管理办法》（安监总管三〔2011〕145号）、《国家安全监管总局关于全面开展烟花爆竹企业安全生产标准化工作的通知》（安监总管三〔2011〕151号）和《全国冶金等工贸企业安全生产标准化考评办法》（安监总管四〔2011〕84号）同时废止。

《企业安全生产标准化评审工作管理办法（试行）》适用于非煤矿山、危险化学品、化工、医药、烟花爆竹、冶金、有色、建材、机械、轻工、纺织、烟草、商贸企业（以下统称企业）安全生产标准化评审管理工作，煤矿和建筑施工的标准化评审分别在本章第二节和第三节详细介绍。

二、 创建、 分级与自评

1. 创建

企业的安全生产标准化评定标准由国家安全生产监督管理总局按照行业制定，企业依照相关行业评定标准进行创建。海洋石油天然气安全生产标准化达标企业由国家安全生产监督管理总局公告，证书、牌匾由其确定的评审组织单位发放。工贸行业小微企业可按照《冶金等工贸行业小微企业安全生产标准化评定标准》（安监总管四〔2014〕17 号）开展创建，其公告和证书、牌匾的发放，也可由省级安全生产监督管理部门制定办法，开展创建。鼓励地方根据实际，制定小微企业创建的相关标准。冶金等工贸企业是指冶金、有色、建材、机械、轻工、纺织、烟草、商贸等行业企业。

2. 分级

企业安全生产标准化达标等级分为一级企业、二级企业、三级企业，其中一级为最高。达标等级具体要求由国家安全生产监督管理总局按照行业分别确定。安全生产标准化一级企业由国家安全生产监督管理总局公告，证书、牌匾由其确定的评审组织单位发放；二级企业的公告和证书、牌匾的发放，由省级安全生产监督管理部门确定；三级企业由地市级安全生产监督管理部门确定，经省级安全监管部门同意，也可以授权县级安全生产监督管理部门确定。

3. 自评

企业安全生产标准化建设以企业自主创建为主，程序包括自评、申请、评审、公告、颁发证书和牌匾。企业应自主开展安全生产标准化建设工作，成立由其主要负责人任组长的自评工作组，对照相应评定标准开展自评，形成自评报告并网上提交。企业应每年进行 1 次自评，形成自评报告并网上提交，每年自评报告应在企业内部进行公示。

企业在完成自评后，实行自愿申请评审。企业应通过国家安全生产监督管理总局企业安全生产标准化信息管理系统（http://aqbzh.chinasafety.gov.cn）完成网上注册、提交自评报告等工作，自评报告的样式如下：

企 业 安 全 生 产 标 准 化
自 评 报 告

企业名称：_____

所属行业：_____专业：_____

自评得分：_____自评等级：_____

自评日期：_____年_____月_____日

是否在企业内部公示：☐是　　　　☐否

是否申请评审：　　　☐是　　　　☐否

国家安全生产监督管理总局制

一、基本情况表

企业名称					
地　　址					
企业性质	□国有　□集体　□民营　□私营　□合资　□独资　□其他				
安全管理机构					
员工总数	人	专职安全管理人员	人	特种作业人员	人
固定资产		万元	主营业务收入		万元
倒班情况	□有　□没有		倒班人数及方式		
法定代表人		电话		传　真	
联系人		电话		传　真	
		手　机		电子信箱	
自评等级	□一级　　　□二级　　　□三级　　　□小微企业				
本次自评前本专业曾经取得的标准化等级：□一级　□二级　□三级　□小微企业　□无					
如果企业是某企业集团的成员单位，请注明企业集团名称：					
如果已取得职业健康安全管理体系认证证书，请注明证书名称和发证机构：					

		姓名	所在部门 职务/职称	电话	备注
本企业安全生产标准化自评小组主要成员	组长				
	成员				

二、企业自评总结

1. 企业概况。
2. 近三年企业安全生产事故和职业病的发生情况。
3. 企业安全生产标准化创建过程及取得成效。

三、评审申请表

1. 企业是否同意遵守评审要求，并能提供评审所必需的真实信息？ 　　□是　□否
2. 企业在提交申请书时，应附以下文件资料： 　　◇安全生产许可证复印件（未实施安全生产行政许可的行业不需提供） 　　◇自评扣分项目汇总表
3. 企业自评得分：
4. 企业自评结论：   法定代表人（签名）：　　　　　　（申请企业盖章） 　　　　　　　　　　　　　　　　　　　　　　　　年　　月　　日
5. 上级主管单位意见：   负责人（签名）：　　　　　　　（主管单位盖章） 　　　　　　　　　　　　　　　　　　　　　　　　年　　月　　日
6. 安全生产监督管理部门意见：   负责人（签名）：　　　　　　　（安全生产监督管理部门盖章） 　　　　　　　　　　　　　　　　　　　　　　年　　月　　日

自评报告填报说明：

（1）"企业名称"填写企业名称并加盖申请企业章。

（2）"所属行业"主要类别有非煤矿山、危险化学品、化工、医药、烟花爆竹、冶金、有色、建材、机械、轻工、纺织、烟草、商贸等行业。"专业"按行业所属专业填写，有专业安全生产标准化标准的，按标准确定的专业填写，如"冶金"行业中的"炼钢""轧钢"专业，"建材"行业中的"水泥"专业，"有色"行业中的"电解铝""氧化铝"专业等。

（3）"企业概况"包括主营业务所属行业，经营范围，企业规模（包括职工人数、年产值、伤亡人数等），发展过程，组织机构，主营业务产业概况、本企业规模（产量和业务收入），在行业中所处地位，安全生产工作特点等。

（4）企业自愿申请评审时，应填写"评审申请表"，表格中"上级主管单位意见"栏内，如无上级主管单位，应填写"无"。

（5）"评审申请表"中"安全生产监督管理部门意见"，主要是安全生产监督管理部门对申请企业的生产安全事故情况进行核实。申请一级企业的应由省级安全生产监督管理部门出具意见；申请二级、三级企业的按照省级安全生产监督管理部门要求由相应的安全生产监督管理部门出具意见。

（6）申请海洋石油天然气安全生产标准化企业的应由相应的海洋石油作业安全办公室分部出具意见。

三、评审程序

1. 申请

（1）企业自愿申请的原则。申请取得安全生产标准化等级证书的企业，在上报自评报告的同时，提出评审申请。

（2）申请安全生产标准化评审的企业应具备以下条件：

1）设立有安全生产行政许可的，已依法取得国家规定的相应安全生产行政许可。

2）申请评审之日的前1年内，无生产安全死亡事故。

有行业评定标准要求高于上述要求的，按照行业评定标准执行；低于上述要求的，按照上述要求执行。

（3）申请安全生产标准化一级企业还应符合以下条件：

1）在本行业内处于领先位置，原则上控制在本行业企业总数的1%以内。

2）建立并有效运行安全生产隐患排查治理体系，实施自查、自改、自报，达到一类水平。

3）建立并有效运行安全生产预测预控体系。

4）建立并有效运行国际通行的生产安全事故和职业健康事故调查统计分析方法。

5）相关行业规定的其他要求。

6）省级安全生产监督管理部门推荐意见。

2. 评审

（1）评审组织单位收到企业评审申请后，应在10个工作日内完成申请材料审查工作。经审查符合条件的，通知相应的评审单位进行评审；不符合申请要求的，书面通知申请企业，并说明理由。

（2）评审单位收到评审通知后，应按照有关评定标准的要求进行评审。评审完成后，将符合要求的评审报告，报评审组织单位审核。评审报告样式如下：

企业安全生产标准化
评 审 报 告

申请企业：_____

评审单位：_____

评审行业：_____专业：_____

评审性质：_____级别：_____

评审日期：_____年__月__日至_____年__月__日

国家安全生产监督管理总局制

评审单位情况					
评审单位					
单位地址					
主要负责人		电　话		手　机	
联系人		电　话		传　真	
		手　机		电子信箱	

评审小组成员		姓名	单位/职务/职称	电　话	备注（证书编号）
	组长				
	成员				

申请企业情况					
申请企业					
法定代表人		电　话		手　机	
联系人		电　话		传　真	
		手　机		电子信箱	

评审结果

评审等级：□一级　□二级　□三级　□小微企业	评审得分：

评审组长签字：

评审单位负责人签字：

（评审单位盖章）

　　　　　　　　　　　年　月　日

评审组织单位意见：

（评审组织单位盖章）

　　　　　　　　　　　年　月　日

制度文件评审综述：
现场评审综述：
评审扣分项及整改要求（另附表提供）：
建议：
评审组长：　　　　　　　　　审批人/日期： 　　年　月　日　　　　　　　评审单位盖章

注：评审报告首页评审单位填写名称并盖章。

（3）评审结果未达到企业申请等级的，申请企业可在进一步整改完善后重新申请评审，或根据评审实际达到的等级重新提出申请。

（4）评审工作应在收到评审通知之日起3个月内完成（不含企业整改时间）。

3. 公告

（1）评审组织单位接到评审单位提交的评审报告后应当及时进行审查，并形成书面报告，报相应的安全生产监督管理部门；不符合要求的评审报告，评审组织单位应退回评审单位并说明理由。

（2）相应安全生产监督管理部门同意后，对符合要求的企业予以公告，同时抄送同级工业和信息化主管部门、人力资源社会保障部门、国资委、工商行政管理部门、质量技术监督部门、银监局；不符合要求的企业，书面通知评审组织单位，并说明理由。

4. 证书和牌匾

经公告的企业，由相应的评审组织单位颁发相应等级的安全生产标准化证书和牌匾，有效期为3年。证书和牌匾由国家安全生产监督管理总局统一监制，统一编号。证书样式如图5—1、图5—2所示；牌匾样式如图5—3、图5—4所示。

图5—1 企业安全生产标准化证书样式　　图5—2 小微企业安全生产标准化证书样式

安全生产标准化
×级企业（　　）

编号：

发证单位名称
年　月（有效期三年）

国家安全生产监督管理总局监制

图5—3　企业安全生产标准化牌匾式样

安全生产标准化
小微企业

编号：

发证单位名称
年　月（有效期三年）

国家安全生产监督管理总局监制

图5—4　小微企业安全生产标准化牌匾式样

（1）一般企业证书编号规则

1）地区简称＋字母"AQB"＋行业代号＋级别＋发证年度＋顺序号。一级企业及海洋石油天然气二级、三级企业无地区简称，二级、三级企业的地区简称为省、自治区、直辖市简称；级别代号一级、二级、三级分别为罗马字"Ⅰ"、"Ⅱ"、"Ⅲ"；顺序号为5位数字，从00001开始顺序编号。行业代号详见表5—1。

表5—1 企业安全生产标准化证书编制行业代号

序号	行业	代号
1	金属非金属矿山矿山	KS
2	石油天然气	SY
3	选矿厂	XK
4	采掘施工单位	CJ
5	地质勘查单位	DZ
6	危险化学品	WH
7	化工	HG
8	医药	YY
9	烟花爆竹	YH
10	冶金	YJ
11	有色	YS
12	建材	JC
13	机械	JX
14	轻工	QG
15	纺织	FZ
16	烟草	YC
17	商贸	SM

例如：

2014年机械制造安全生产标准化一级企业：AQB JX Ⅰ 201400001

2014年北京市机械制造安全生产标准化二级企业：京 AQB JX Ⅱ 201400001

2014年北京市机械制造安全生产标准化三级企业：京 AQB JX Ⅲ 201400001

2）"×级企业"中的"×"为"一""二"或"三"。

3）"（×××××）"中的"×××××"为行业和专业，如"冶金炼钢"或"冶金铁合金"等。

4）有效期为阿拉伯数字的年和月，如"2017年3月"。

5）证书颁发时间为阿拉伯数字的年、月、日，如"2014年3月10日"。

6）二维条码图形为证书颁发单位名称和证书印制编号，由国家安全生产监督管理总局企业安全生产标准化信息管理系统自动生成。

7）证书印制编号为 9 位数字编号和 1 位数字检验码。

（2）小微企业证书编号规则为：地区简称＋字母"AQB"＋"XW"＋发证年度＋顺序号。顺序号为 6 位数字，从 000001 开始顺序编号。

例：2014 年的北京市小微企业安全生产标准化达标企业：京 AQB XW 2014000001。

（3）一般企业牌匾制作说明

1）×为级别，大写数字"一""二""三"；括号中为行业。

2）牌匾编号与证书编号一致。

3）发证时间与证书颁发时间中的年、月一致。

（4）小微企业牌匾编制说明：

1）牌匾编号与证书编号一致。

2）发证时间与证书颁发时间中的年、月一致。

5. 撤销

（1）取得安全生产标准化证书的企业，在证书有效期内发生下列行为之一的，由原公告单位公告撤销其安全生产标准化企业等级：

1）在评审过程中弄虚作假、申请材料不真实的。

2）迟报、漏报、谎报、瞒报生产安全事故的。

3）企业发生生产安全死亡事故的。

（2）被撤销安全生产标准化等级的企业，自撤销之日起满 1 年后，方可重新申请评审。

（3）被撤销安全生产标准化等级的企业，应向原发证单位交回证书、牌匾。

6. 期满复评

（1）取得安全生产标准化证书的企业，3 年有效期届满后，可自愿申请复评，换发证书、牌匾。

（2）满足以下条件，期满后可直接换发安全生产标准化证书、牌匾：

1）按照规定每年提交自评报告并在企业内部公示。

2）建立并运行安全生产隐患排查治理体系：一级企业应达到一类水平；二级企业

应达到二类及以上水平；三级企业应达到三类及以上水平。实施自查自改自报。

3）未发生生产安全死亡事故。

4）安全生产监督管理部门在周期性安全生产标准化检查工作中，未发现企业安全管理存在突出问题或者重大隐患。

5）未改建、扩建或者迁移生产经营、储存场所，未扩大生产经营许可范围。

（3）一级、二级企业申请期满复评时，如果安全生产标准化评定标准已经修订，应重新申请评审。

（4）安全生产标准化达标企业提升达到高等级标准化企业要求的，可以自愿向相应等级评审组织单位提出申请评审。

四、 监督管理

1. 评审机构和人员

（1）安全生产标准化工作机构一般应包括评审组织单位和评审单位，由一定数量的评审人员参与日常工作。

（2）评审组织单位应具有固定工作场所和办公设施，设有专职工作人员。负责对评审单位的日常管理工作和对评审单位的现场评审工作进行抽查；承担评审人员培训、考核与管理等工作。应定期开展对评审人员的继续教育培训，不断提高评审能力和水平。评审组织单位不得向企业收取任何费用；应参照当地物价部门制定的类似业务收费标准规范评审单位评审收费。

（3）评审单位是指由安全监管部门考核确定、具体承担企业安全生产标准化评审工作的第三方机构。应配备满足各评定标准评审工作需要的评审人员，保证评审结果的科学性、先进性和准确性。

（4）评审人员包括评审单位的评审员和聘请的评审专家，按评定标准参加相关专业领域的评审工作，对其作出的文件审查和现场评审结论负责。

（5）评审组织单位、评审单位、评审人员要按照"服务企业、公正自律、确保质量、力求实效"的原则开展工作。

（6）一级企业的评审组织单位、评审单位和评审人员基本条件由国家安全生产监督管理总局按照行业分别确定；二级企业的评审组织单位、评审单位和评审人员基本条件由省级安全生产监督管理部门负责确定；三级企业的评审组织单位、评审单位和评审人员基本条件由市级安全生产监督管理部门负责确定。

海洋石油天然气企业安全生产标准化的评审组织单位、评审单位和评审人员基本条件由国家安全生产监督管理总局确定。

2. 监督管理部门

（1）各级安全生产监督管理部门指导监督企业将着力点放在建立企业安全生产管理体系，运用安全生产标准化规范企业安全管理和提高安全管理能力上，注重实效，严防走过场、走形式。

（2）各级安全生产监督管理部门要将企业安全生产标准化建设和隐患排查治理体系建设的效果，作为实施分级分类监管的重要依据，实施差异化的管理，将未达到安全生产标准化等级要求的企业作为安全生产监督管理重点，加大执法检查力度，督促企业提高安全管理水平。

（3）各级安全生产监督管理部门在企业安全生产标准化建设工作中不收取任何费用。

（4）各级安全生产监督管理部门要规范对评审组织单位、评审单位的管理，强化监督检查，督促其做好安全生产标准化评审相关工作；对于在评审工作中弄虚作假、牟取不正当利益等行为的评审单位，一律取消评审单位资格；对于出现违法、违规行为的评审单位法人和评审人员，依法依规严肃查处，并追究责任。

第二节 煤矿安全生产标准化考核定级

一、 考核定级管理

为深入推进全国煤矿安全生产标准化工作，持续提升煤矿安全保障能力，根据《安全生产法》关于"生产经营单位必须推进安全生产标准化建设"的规定，国家煤矿安全监察局制定下发了《煤矿安全生产标准化考核定级办法（试行）》（煤安监行管〔2017〕5号）。办法适用于全国所有合法的生产煤矿，自2017年7月1日起试行，2013年颁布的《煤矿安全质量标准化考核评级办法（试行）》同时废止。

煤矿安全生产标准化考核定级的标准执行《煤矿安全生产标准化基本要求及评分方法》，申报安全生产标准化等级的煤矿必须同时具备评分方法设定的基本条件，有任一条基本条件不能满足的，不得参与考核定级。

二、 等级划分

煤矿安全生产标准化等级分为一级、二级、三级 3 个等次，一级为最高。

1. 一级

（1）煤矿安全生产标准化考核评分 90 分以上（含，以下同），井工煤矿安全风险分级管控、事故隐患排查治理、通风、地质灾害防治与测量、采煤、掘进、机电、运输部分的单项考核评分均不低于 90 分，其他部分的考核评分均不低于 80 分，正常工作时单班入井人数不超过 1 000 人、生产能力在 30 万吨/年以下的矿井单班入井人数不超过 100 人。

（2）露天煤矿安全风险分级管控、事故隐患排查治理、钻孔、爆破、边坡、采装、运输、排土、机电部分的考核评分均不低于 90 分，其他部分的考核评分均不低于 80 分。

2. 二级

（1）煤矿安全生产标准化考核评分 80 分以上，井工煤矿安全风险分级管控、事故隐患排查治理、通风、地质灾害防治与测量、采煤、掘进、机电、运输部分的单项考核评分均不低于 80 分，其他部分的考核评分均不低于 70 分。

（2）露天煤矿安全风险分级管控、事故隐患排查治理、钻孔、爆破、边坡、采装、运输、排土、机电部分的考核评分均不低于 80 分，其他部分的考核评分均不低于 70 分。

3. 三级

（1）煤矿安全生产标准化考核评分 70 分以上，井工煤矿事故隐患排查治理、通风、地质灾害防治与测量、采煤、掘进、机电、运输部分的单项考核评分均不低于 70 分，其他部分的考核评分均不低于 60 分。

（2）露天煤矿安全风险分级管控、事故隐患排查治理、钻孔、爆破、边坡、采装、运输、排土、机电部分的考核评分均不低于 70 分，其他部分的考核评分均不低于 60 分。

4. 考核部门

煤矿安全生产标准化等级实行分级考核定级。

（1）一级标准化申报煤矿由省级煤矿安全生产标准化工作主管部门组织初审，国家煤矿安全监察局组织考核定级。

（2）二级、三级标准化申报煤矿的初审和考核定级部门由省级煤矿安全生产标准化工作主管部门确定。

三、 考核定级程序

煤矿安全生产标准化考核定级按照企业自评申报、检查初审、组织考核、公示监督、公告认定的程序进行。煤矿安全生产标准化考核定级部门原则上应在收到煤矿企业申请后的 60 个工作日内完成考核定级。煤矿安全生产标准化等级实行有效期管理。一级、二级、三级的有效期均为 3 年。

1. 自评申报

煤矿对照《煤矿安全生产标准化基本要求及评分方法》全面自评，形成自评报告，填写煤矿安全生产标准化等级申报表，依拟申报的等级自行或由隶属的煤矿企业向负责初审的煤矿安全生产标准化工作主管部门提出申请。

2. 检查初审

负责初审的煤矿安全生产标准化工作主管部门收到企业申请后，应及时进行材料审查和现场检查，经初审合格后上报负责考核定级的部门。

3. 组织考核

考核定级部门在收到经初审合格的煤矿企业安全生产标准化等级申请后，应及时组织对上报的材料进行审核，并在审核合格后，进行现场检查或抽查，对申报煤矿进行考核定级。

对自评材料弄虚作假的煤矿，煤矿安全生产标准化工作主管部门应取消其申报安全生产标准化等级的资格，认定其不达标。煤矿整改完成后方可重新申报。

4. 公示监督

对考核合格的煤矿，煤矿安全生产标准化考核定级部门应在本单位或本级政府的官方网站向社会公示，接受社会监督。公示时间不少于 5 个工作日。

对考核不合格的煤矿，考核定级部门应书面通知初审部门按下一个标准化等级进行考核。

5. 公告认定

对公示无异议的煤矿，煤矿安全生产标准化考核定级部门应确认其等级，并予以公告。

四、 监督与管理

（1）对取得安全生产标准化等级的煤矿按规定要求加强动态监管。各级煤矿安全生产标准化工作主管部门应结合属地监管原则，每年按照检查计划按一定比例对达标煤矿进行抽查。对工作中发现已不具备原有标准化水平的煤矿应降低或撤销其取得的安全生产标准化等级；对发现存在重大事故隐患的煤矿应撤销其取得的安全生产标准化等级。

（2）对发生生产安全死亡事故的煤矿，各级煤矿安全生产标准化工作主管部门应立即降低或撤销其取得的安全生产标准化等级。一级、二级煤矿发生一般事故时降为三级，发生较大及以上事故时撤销其等级；三级煤矿发生一般及以上事故时，撤销其等级。

（3）降低或撤销煤矿所取得的安全生产标准化等级时，应及时将相关情况报送原等级考核定级部门，并由原等级考核定级部门进行公告确认。

（4）对安全生产标准化等级被撤销的煤矿，实施撤销决定的标准化工作主管部门应依法责令其立即停止生产、进行整改，待整改合格后、重新提出申请。

因发生生产安全事故被撤销等级的煤矿原则上1年内不得申报二级及以上安全生产标准化等级（省级安全生产标准化主管部门另有规定的除外）。

（5）安全生产标准化达标煤矿应加强日常检查，每月至少组织开展1次全面的自查，并在等级有效期内每年由隶属的煤矿企业组织开展1次全面自查（企业和煤矿一体的由煤矿组织），形成自查报告，并依煤矿安全生产标准化等级向相应的考核定级部门报送自查结果。一级安全生产标准化煤矿的自评结果报送省级煤矿安全生产标准化工作主管部门，由其汇总并于每年年底向国家煤矿安全监察局报送1次。

（6）各级煤矿安全生产标准化主管部门应按照职责分工每年至少通报1次辖区内煤矿安全生产标准化考核定级情况，以及等级被降低和撤销的情况，并报送有关部门。

煤矿企业采用《煤矿安全风险预控管理体系规范》（AQ/T 1093—2011）开展安全生产标准化创建工作的，可依据其相应的评分方法进行考核定级，考核等级与安全生产标准化相应等级对等，其考核定级工作按照《煤矿安全生产标准化考核定级办法（试行）》执行。各级煤矿安全生产标准化工作主管部门和煤矿企业应建立安全生产标准化激励政策，对被评为一级、二级安全生产标准化的煤矿给予鼓励。省级煤矿安全生产标准化工作主管部门可根据《煤矿安全生产标准化考核定级办法（试行）》和本地区工作实际制定实施细则，并及时报送国家煤矿安全监察局。

第三节　建筑施工安全生产标准化考核

一、考评办法

2014 年 7 月 31 日，中华人民共和国住房和城乡建设部印发了《建筑施工安全生产标准化考评暂行办法》（建质〔2014〕111 号）。该办法分总则、项目考评、企业考评、奖励和惩戒、附则共 5 章 38 条，自发布之日起施行。在办法中规定了以下有关概念：

（1）建筑施工安全生产标准化是指建筑施工企业在建筑施工活动中，贯彻执行建筑施工安全法律、法规和标准规范，建立企业和项目安全生产责任制，制定安全管理制度和操作规程，监控危险性较大分部分项工程，排查治理安全生产隐患，使人、机、物、环始终处于安全状态，形成过程控制、持续改进的安全管理机制。

（2）建筑施工安全生产标准化考评包括建筑施工项目安全生产标准化考评和建筑施工企业安全生产标准化考评。

（3）建筑施工项目是指新建、扩建、改建房屋建筑和市政基础设施工程项目。

（4）建筑施工企业是指从事新建、扩建、改建房屋建筑和市政基础设施工程施工活动的建筑施工总承包及专业承包企业。

办法指出：国务院住房城乡建设主管部门监督指导全国建筑施工安全生产标准化考评工作；县级以上地方人民政府住房城乡建设主管部门负责本行政区域内建筑施工安全生产标准化考评工作；县级以上地方人民政府住房城乡建设主管部门可以委托建

筑施工安全监督机构具体实施建筑施工安全生产标准化考评工作。

二、 项目考评

1. 主体责任

（1）建筑施工企业应当建立、健全以项目负责人为第一责任人的项目安全生产管理体系，依法履行安全生产职责，实施项目安全生产标准化工作。建筑施工项目实行施工总承包的，施工总承包单位对项目安全生产标准化工作负总责。施工总承包单位应当组织专业承包单位等开展项目安全生产标准化工作。

（2）工程项目应当成立由施工总承包及专业承包单位等组成的项目安全生产标准化自评机构，在项目施工过程中每月主要依据《建筑施工安全检查标准》（JGJ 59）等开展安全生产标准化自评工作。

（3）建筑施工企业安全生产管理机构应当定期对项目安全生产标准化工作进行监督检查，检查及整改情况应当纳入项目自评材料。

（4）建设、监理单位应当对建筑施工企业实施的项目安全生产标准化工作进行监督检查，并对建筑施工企业的项目自评材料进行审核并签署意见。

2. 考评主体

对建筑施工项目实施安全生产监督的住房城乡建设主管部门或其委托的建筑施工安全监督机构（以下简称"项目考评主体"）负责建筑施工项目安全生产标准化考评工作。项目考评主体应当对已办理施工安全监督手续并取得施工许可证的建筑施工项目实施安全生产标准化考评。

项目考评主体应当对建筑施工项目实施日常安全监督时同步开展项目考评工作，指导监督项目自评工作。

3. 自评和自评材料

项目完工后办理竣工验收前，建筑施工企业应当向项目考评主体提交项目安全生产标准化自评材料。项目自评材料主要包括：

（1）项目建设、监理、施工总承包、专业承包等单位及其项目主要负责人名录。

（2）项目主要依据《建筑施工安全检查标准》（JGJ 59）等进行自评的结果及项目建设、监理单位审核意见。

（3）项目施工期间因安全生产受到住房城乡建设主管部门奖惩情况（包括限期整

改、停工整改、通报批评、行政处罚、通报表扬、表彰奖励等）。

（4）项目发生生产安全责任事故情况。

（5）住房城乡建设主管部门规定的其他材料。

4. 考核评定

项目考评主体收到建筑施工企业提交的材料后，经查验符合要求的，以项目自评为基础，结合日常监管情况对项目安全生产标准化工作进行评定，在 10 个工作日内向建筑施工企业发放项目考评结果告知书。

评定结果为"优良""合格"及"不合格"。

项目考评结果告知书中应包括项目建设、监理、施工总承包、专业承包等单位及其项目主要负责人信息。评定结果为不合格的，应当在项目考评结果告知书中说明理由及项目考评不合格的责任单位。

建筑施工项目具有下列情形之一的，安全生产标准化评定为不合格：

（1）未按规定开展项目自评工作的。

（2）发生生产安全责任事故的。

（3）因项目存在安全隐患在 1 年内受到住房城乡建设主管部门 2 次及以上停工整改的。

（4）住房城乡建设主管部门规定的其他情形。

各省级住房城乡建设部门可结合本地区实际确定建筑施工项目安全生产标准化优良标准。安全生产标准化评定为优良的建筑施工项目数量，原则上不超过所辖区域内本年度拟竣工项目数量的 10%。

项目考评主体应当及时向社会公布本行政区域内建筑施工项目安全生产标准化考评结果，并逐级上报至省级住房城乡建设主管部门。建筑施工企业跨地区承建的工程项目，项目所在地省级住房城乡建设主管部门应当及时将项目的考评结果转送至该企业注册地省级住房城乡建设主管部门。

项目竣工验收时建筑施工企业未提交项目自评材料的，视同项目考评不合格。

三、 企业考评

1. 主体责任

（1）建筑施工企业应当建立、健全以法定代表人为第一责任人的企业安全生产管理体系，依法履行安全生产职责，实施企业安全生产标准化工作。

（2）建筑施工企业应当成立企业安全生产标准化自评机构，每年主要依据《施工企业安全生产评价标准》（JGJ/T 77）等开展企业安全生产标准化自评工作。

2. 考评主体

对建筑施工企业颁发安全生产许可证的住房城乡建设主管部门或其委托的建筑施工安全监督机构（以下简称"企业考评主体"）负责建筑施工企业的安全生产标准化考评工作。

企业考评主体应当对取得安全生产许可证且许可证在有效期内的建筑施工企业实施安全生产标准化考评。

3. 自评和自评材料

企业考评主体应当对建筑施工企业安全生产许可证实施动态监管时同步开展企业安全生产标准化考评工作，指导监督建筑施工企业开展自评工作。

建筑施工企业在办理安全生产许可证延期时，应当向企业考评主体提交企业自评材料。企业自评材料主要包括：

（1）企业承建项目台账及项目考评结果。

（2）企业主要依据《施工企业安全生产评价标准》（JGJ/T 77）等进行自评的结果。

（3）企业近3年内因安全生产受到住房城乡建设主管部门奖惩情况（包括通报批评、行政处罚、通报表扬、表彰奖励等）。

（4）企业承建项目发生生产安全责任事故情况。

（5）省级及以上住房城乡建设主管部门规定的其他材料。

4. 考核评定

企业考评主体收到建筑施工企业提交的材料后，经查验符合要求的，以企业自评为基础，以企业承建项目安全生产标准化考评结果为主要依据，结合安全生产许可证动态监管情况对企业安全生产标准化工作进行评定，在20个工作日内向建筑施工企业发放企业考评结果告知书。

评定结果为"优良""合格"及"不合格"。

企业考评结果告知书应包括企业考评年度及企业主要负责人信息。评定结果为不合格的，应当说明理由，责令限期整改。

建筑施工企业具有下列情形之一的，安全生产标准化评定为不合格：

（1）未按规定开展企业自评工作的。

（2）企业近 3 年所承建的项目发生较大及以上生产安全责任事故的。

（3）企业近 3 年所承建已竣工项目不合格率超过 5％的（不合格率是指企业近 3 年作为项目考评不合格责任主体的竣工工程数量与企业承建已竣工工程数量之比）。

（4）省级及以上住房城乡建设主管部门规定的其他情形。

各省级住房城乡建设部门可结合本地区实际确定建筑施工企业安全生产标准化优良标准。安全生产标准化评定为优的建筑施工企业数量，原则上不超过本年度拟办理安全生产许可证延期企业数量的 10％。

企业考评主体应当及时向社会公布建筑施工企业安全生产标准化考评结果。对跨地区承建工程项目的建筑施工企业，项目所在地省级住房城乡建设主管部门可以对该企业进行考评，考评结果及时转送至该企业注册地省级住房城乡建设主管部门。

建筑施工企业在办理安全生产许可证延期时未提交企业自评材料的，视同企业考评不合格。

四、 奖励和惩戒

建筑施工安全生产标准化考评结果作为政府相关部门进行绩效考核、信用评级、诚信评价、评先推优、投融资风险评估、保险费率浮动等重要参考依据。政府投资项目招投标应优先选择建筑施工安全生产标准化工作业绩突出的建筑施工企业及项目负责人。

住房城乡建设主管部门应当将建筑施工安全生产标准化考评情况记入安全生产信用档案。对于安全生产标准化考评不合格的建筑施工企业，住房城乡建设主管部门应当责令限期整改，在企业办理安全生产许可证延期时，复核其安全生产条件，对整改后具备安全生产条件的，安全生产标准化考评结果为"整改后合格"，核发安全生产许可证；对不再具备安全生产条件的，不予核发安全生产许可证。对于安全生产标准化考评不合格的建筑施工企业及项目，住房城乡建设主管部门应当在企业主要负责人、项目负责人办理安全生产考核合格证书延期时，责令限期重新考核，对重新考核合格的，核发安全生产考核合格证；对重新考核不合格的，不予核发安全生产考核合格证。

经安全生产标准化考评合格或优良的建筑施工企业及项目，发现有下列情形之一的，由考评主体撤销原安全生产标准化考评结果，直接评定为不合格，并对有关责任单位和责任人员依法予以处罚：

(1) 提交的自评材料弄虚作假的。

(2) 漏报、谎报、瞒报生产安全事故的。

(3) 考评过程中有其他违法违规行为的的。

第四节　企业安全生产标准化评分标准及其实例

一、　煤矿安全生产标准化评分标准

为深入推进全国煤矿安全生产标准化工作，配合煤矿安全生产标准化考评定级管理，规范煤矿安全生产标准化基本建设与评分方法，国家煤矿安全监察局制定下发了《煤矿安全生产标准化基本要求及评分方法（试行）》（煤安监行管〔2017〕5号）。办法适用于全国所有合法的生产煤矿，自2017年7月1日起试行。

1. 基本条件

安全生产标准化达标煤矿应具备以下基本条件：

(1) 采矿许可证、安全生产许可证、营业执照齐全有效。

(2) 矿长、副矿长、总工程师、副总工程师（技术负责人）在规定的时间内参加由煤矿安全监管部门组织的安全生产知识和管理能力考核，并取得考核合格证。

(3) 不存在各部分所列举的重大事故隐患。

(4) 建立矿长安全生产承诺制度，矿长每年向全体职工公开承诺，牢固树立安全生产"红线意识"，及时消除事故隐患，保证安全投入，持续保持煤矿安全生产条件，保护矿工生命安全。

2. 工作要求

(1) 建立和保持。煤矿是创建并持续保持标准化动态达标的责任主体。应通过实施安全风险分级管控和事故隐患排查治理、规范行为、控制质量、提高装备和管理水平、强化培训，使煤矿达到并持续保持安全生产标准化等级标准，保障安全生产。

(2) 目标与计划。制订安全生产标准化创建年度计划，并分解到相关部门严格执行和考核。

（3）组织机构与职责。有负责安全生产标准化工作的机构，各单位、部门和人员的安全生产标准化工作职责明确。

（4）安全生产标准化投入。保障安全生产标准化经费，持续改进和完善安全生产条件。

（5）技术保障。健全技术管理体系，完善工作制度，开展技术创新；作业规程、操作规程及安全技术措施编制符合要求，审批手续完备，贯彻执行到位。

（6）现场管理和过程控制。加强各生产环节的过程管控和现场管理，定期开展安全生产标准化达标自检工作。

（7）持续改善。煤矿取得的安全生产标准化等级，是煤矿安全生产标准化工作主管部门在考核定级时，对煤矿安全生产标准化工作现状的测评，是对煤矿执行《安全生产法》等相关法律、法规规定组织开展安全生产标准化建设情况的考核认定。取得等级的煤矿应在取得的等级基础上，有目的、有计划地持续改进工艺技术、设备设施、管理措施，规范员工安全行为，进一步改善安全生产条件，使煤矿持续保持考核定级时的安全生产条件，并不断提高安全生产标准化水平，建立安全生产标准化长效机制。

3. 煤矿安全生产标准化体系

（1）井工煤矿。井工煤矿安全生产标准化体系包括以下11个部分：

1）安全风险分级管控。考核内容执行《煤矿安全生产标准化基本要求及评分方法（试行）》中的第2部分"安全风险分级管控"的规定。

2）事故隐患排查治理。考核内容执行《煤矿安全生产标准化基本要求及评分方法（试行）》中的第3部分"事故隐患排查治理"的规定。

3）通风。考核内容执行《煤矿安全生产标准化基本要求及评分方法（试行）》中的第4部分"通风"的规定。

4）地质灾害防治与测量。考核内容执行《煤矿安全生产标准化基本要求及评分方法（试行）》中的第5部分"地质灾害防治与测量"的规定。

5）采煤。考核内容执行《煤矿安全生产标准化基本要求及评分方法（试行）》中的第6部分"采煤"的规定。

6）掘进。考核内容执行《煤矿安全生产标准化基本要求及评分方法（试行）》中的第7部分"掘进"的规定。

7）机电。考核内容执行《煤矿安全生产标准化基本要求及评分方法（试行）》中的第 8 部分"机电"的规定。

8）运输。考核内容执行《煤矿安全生产标准化基本要求及评分方法（试行）》中的第 9 部分"运输"的规定。

9）职业卫生。考核内容执行《煤矿安全生产标准化基本要求及评分方法（试行）》中的第 10 部分"职业卫生"的规定。

10）安全培训和应急管理。考核内容执行《煤矿安全生产标准化基本要求及评分方法（试行）》中的第 11 部分"安全培训和应急管理"的规定。

11）调度和地面设施。考核内容执行《煤矿安全生产标准化基本要求及评分方法（试行）》中的第 12 部分"调度和地面设施"的规定。

（2）露天煤矿。露天煤矿安全生产标准化体系包括以下 13 个部分：

1）安全风险分级管控。考核内容执行《煤矿安全生产标准化基本要求及评分方法（试行）》中的第 2 部分"安全风险分级管控"的规定。

2）事故隐患排查治理。考核内容执行《煤矿安全生产标准化基本要求及评分方法（试行）》中的第 3 部分"事故隐患排查治理"的规定。

3）钻孔、爆破、采装、运输、排土、机电、边坡、疏干排水共 8 个体系部分。考核内容执行《煤矿安全生产标准化基本要求及评分方法（试行）》中的第 13 部分"露天煤矿"的规定。

4）职业卫生。考核内容执行《煤矿安全生产标准化基本要求及评分方法（试行）》中的第 10 部分"职业卫生"的规定。

5）安全培训和应急管理。考核内容执行《煤矿安全生产标准化基本要求及评分方法（试行）》中的第 11 部分"安全培训和应急管理"的规定。

6）调度和地面设施。考核内容执行《煤矿安全生产标准化基本要求及评分方法（试行）》中的第 12 部分"调度和地面设施"的规定。

4. 煤矿安全生产标准化评分方法

（1）井工煤矿安全生产标准化评分方法：

1）井工煤矿安全生产标准化考核满分为 100 分，采用各部分得分乘以权重的方式计算，各部分的权重见表 5—2。

表 5—2　　　　　　　　　井工煤矿安全生产标准化评分权重表

序号	名称	标准分值	权重（a_i）
1	安全风险分级管控	100	0.10
2	事故隐患排查治理	100	0.10
3	通风	100	0.16
4	地质灾害防治与测量	100	0.11
5	采煤	100	0.09
6	掘进	100	0.09
7	机电	100	0.09
8	运输	100	0.08
9	职业卫生	100	0.06
10	安全培训和应急管理	100	0.06
11	调度和地面设施	100	0.06

2）按照井工煤矿安全生产标准化体系包含的各部分评分表进行打分。

3）各部分考核得分乘以该部分权重之和即为井工煤矿安全生产标准化考核得分，采用式（5—1）计算：

$$M = \sum_{i=1}^{11} (a_i M_i) \qquad (5—1)$$

式中：

M——井工煤矿安全生产标准化考核得分；

M_i——安全风险分级管控、事故隐患排查治理、通风、地质灾害防治与测量、采煤、掘进、机电、运输、职业卫生、安全培训和应急管理、调度和地面设施等 11 个部分的安全生产标准化考核得分；

a_i——安全风险分级管控、事故隐患排查治理、通风、地质灾害防治与测量、采煤、掘进、机电、运输、职业卫生、安全培训和应急管理、调度和地面设施等 11 个部分的权重值。

（2）露天煤矿安全生产标准化评分方法：

1）露天煤矿安全生产标准化考核满分为 100 分，采用各项得分乘以权重的方式计算，各部分的权重见表 5—3。

表 5—3 露天煤矿安全生产标准化评分权重表

序号	名称	标准分值	权重（b_i）
1	安全风险分级管控	100	0.10
2	事故隐患排查治理	100	0.10
3	钻孔	100	0.05
4	爆破	100	0.11
5	采装	100	0.11
6	运输	100	0.12
7	排土	100	0.09
8	机电	100	0.09
9	边坡	100	0.05
10	疏干排水	100	0.05
11	职业卫生	100	0.05
12	安全培训和应急管理	100	0.04
13	调度和地面设施	100	0.04

2）按照露天煤矿安全生产标准化体系包含的各部分评分表进行打分。

3）各项考核得分乘以其权重之和即为露天煤矿安全生产标准化考核得分，采用式（5—2）计算：

$$N = \sum_{i=1}^{13}(b_i N_i) \qquad (5—2)$$

式中：

N——露天煤矿安全生产标准化考核得分；

N_i——安全风险分级管控、事故隐患排查治理、钻孔、爆破、采装、运输、排土、机电、边坡、疏干排水、职业卫生、安全培训和应急管理、调度和地面设施等13部分的安全生产标准化考核得分；

b_i——安全风险分级管控、事故隐患排查治理、钻孔、爆破、采装、运输、排土、机电、边坡、疏干排水、职业卫生、安全培训和应急管理、调度和地面设施等13部分的权重。

4）在考核评分中，如缺项，可将该部分的加权分值，平均折算到其他部分中去，折算方法如式（5—3）：

$$T = \frac{100}{100-P} \times Q \qquad (5—3)$$

式中：

T——实得分数；

Q——加权得分数；

P——缺项加权分数（缺项权重值乘以 100）。

二、 煤矿安全生产标准化考核内容和评分标准举例

为了解煤矿安全生产标准化体系，以及考核内容要求和评分方法与标准，以下以《煤矿安全生产标准化基本要求及评分方法（试行）》中的第 2 部分"安全风险分级管控"和第 12 部分"调度和地面设施"为例进行说明。

1.《煤矿安全生产标准化基本要求及评分方法（试行）》第 2 部分"安全风险分级管控"

（1）工作要求

1）组织机构与制度。建立矿长为第一责任人的安全风险分级管控工作体系，明确负责安全风险分级管控工作的管理部门。

2）安全风险辨识评估

①年度辨识评估。每年底矿长组织开展年度安全风险辨识，重点对容易导致群死群伤事故的危险因素进行安全风险辨识评估。

②专项辨识评估。以下情况，应进行专项安全风险辨识评估：

a. 新水平、新采（盘）区、新工作面设计前。

b. 生产系统、生产工艺、主要设施设备、重大灾害因素等发生重大变化时。

c. 启封火区、排放瓦斯、突出矿井过构造带及石门揭煤等高危作业实施前，新技术、新材料试验或推广应用前，连续停工停产 1 个月以上的煤矿复工复产前。

d. 本矿发生死亡事故或涉险事故、出现重大事故隐患，或所在省份煤矿发生重特大事故后。

3）安全风险管控

①内容要求：

a. 建立矿长、分管负责人安全风险定期检查分析工作机制，检查安全风险管控措施落实情况，评估管控效果，完善管控措施。

b. 建立安全风险辨识评估结果应用机制，将安全风险辨识评估结果应用于指导生产计划、作业规程、操作规程、灾害预防与处理计划、应急救援预案以及安全技术措

施等技术文件的编制和完善。

c. 重大安全风险有专门的管控方案，管控责任明确，人员、资金有保障。

②现场检查。跟踪重大安全风险管控措施落实情况，执行煤矿领导带班下井制度，发现问题及时整改。

③公告警示。及时公告重大安全风险。

4）保障措施：

①采用信息化管理手段开展安全风险管控工作。

②定期组织安全风险知识培训。

（2）评分方法

1）按表5—4评分，总分为100分。按照所检查存在的问题进行扣分，各小项分数扣完为止。

表 5—4　　　　　　　　　　　　煤矿安全风险分级管控标准化评分表

项目	项目内容	基本要求	标准分值	评分方法	得分
一、工作机制（10分）	职责分工	1. 建立安全风险分级管控工作责任体系，矿长全面负责，分管负责人负责分管范围内的安全风险分级管控工作	4	查资料和现场。未建立责任体系不得分，随机抽查，矿领导1人不清楚职责扣1分	
		2. 有负责安全风险分级管控工作的管理部门	2	查资料。未明确管理部门不得分	
	制度建设	建立安全风险分级管控工作制度，明确安全风险的辨识范围、方法和安全风险的辨识、评估、管控工作流程	4	查资料。未建立制度不得分，辨识范围、方法或工作流程1处不明确扣2分	
二、安全风险辨识评估（40分）	年度辨识评估	每年底矿长组织各分管负责人和相关业务科室、区队进行年度安全风险辨识，重点对井工煤矿瓦斯、水、火、煤尘、顶板、冲击地压及提升运输系统，露天煤矿边坡、爆破、机电运输等容易导致群死群伤事故的危险因素开展安全风险辨识；及时编制年度安全风险辨识评估报告，建立可能引发重大事故的重大安全风险清单，并制定相应的管控措施；将辨识评估结果应用于确定下一年度安全生产工作重点，并指导和完善下一年度生产计划、灾害预防和处理计划、应急救援预案	10	查资料。未开展辨识或辨识组织者不符合要求不得分，辨识内容（危险因素不存在的除外）缺1项扣2分，评估报告、风险清单、管控措施缺1项扣2分，辨识成果未体现缺1项扣1分	

项目	项目内容	基本要求	标准分值	评分方法	得分
二、安全风险辨识评估（40分）	专项辨识评估	新水平、新采（盘）区、新工作面设计前，开展1次专项辨识： 1. 专项辨识由总工程师组织有关业务科室进行； 2. 重点辨识地质条件和重大灾害因素等方面存在的安全风险； 3. 补充完善重大安全风险清单并制定相应管控措施； 4. 辨识评估结果用于完善设计方案，指导生产工艺选择、生产系统布置、设备选型、劳动组织确定等	8	查资料和现场。未开展辨识不得分，辨识组织者不符合要求扣2分，辨识内容缺1项扣2分，风险清单、管控措施、辨识成果未在应用中体现缺1项扣1分	
		生产系统、生产工艺、主要设施设备、重大灾害因素（露天煤矿爆破参数、边坡参数）等发生重大变化时，开展1次专项辨识： 1. 专项辨识由分管负责人组织有关业务科室进行； 2. 重点辨识作业环境、生产过程、重大灾害因素和设施设备运行等方面存在的安全风险； 3. 补充完善重大安全风险清单并制定相应的管控措施； 4. 辨识评估结果用于指导重新编制或修订完善作业规程、操作规程	8	查资料和现场。未开展辨识不得分，辨识组织者不符合要求扣2分，辨识内容缺1项扣2分，风险清单、管控措施、辨识成果未在应用中体现缺1项扣1分	
		启封火区、排放瓦斯、突出矿井过构造带及石门揭煤等高危作业实施前，新技术、新材料试验或推广应用前，连续停工停产1个月以上的煤矿复工复产前，开展1次专项辨识： 1. 专项辨识由分管负责人组织有关业务科室、生产组织单位（区队）进行； 2. 重点辨识作业环境、工程技术、设备设施、现场操作等方面存在的安全风险； 3. 补充完善重大安全风险清单并制定相应的管控措施； 4. 辨识评估结果作为编制安全技术措施依据	8	查资料和现场。未开展辨识不得分，辨识组织者不符合要求扣2分，辨识内容缺1项扣2分，风险清单、管控措施、辨识成果未在应用中体现缺1项扣1分	

项目	项目内容	基本要求	标准分值	评分方法	得分
二、安全风险辨识评估（40分）	专项辨识评估	本矿发生死亡事故或涉险事故、出现重大事故隐患或所在省份发生重特大事故后，开展1次针对性的专项辨识； 1. 专项辨识由矿长组织分管负责人和业务科室进行； 2. 识别安全风险辨识结果及管控措施是否存在漏洞、盲区； 3. 补充完善重大安全风险清单并制定相应的管控措施； 4. 辨识评估结果用于指导修订完善设计方案、作业规程、操作规程、安全技术措施等技术文件	6	查资料和现场。未开展辨识不得分，辨识组织者不符合要求扣2分，辨识内容缺1项扣2分，风险清单、管控措施、辨识成果未在应用中体现缺1项扣1分	
三、安全风险管控（35分）	管控措施	1. 重大安全风险管控措施由矿长组织实施，有具体工作方案，人员、技术、资金有保障	5	查资料。组织者不符合要求、未制定方案不得分，人员、技术、资金不明确、不到位1项扣1分	
		2. 在划定的重大安全风险区域设定作业人数上限	4	查资料和现场。未设定人数上限不得分，超1人扣0.5分	
	定期检查	1. 矿长每月组织对重大安全风险管控措施落实情况和管控效果进行一次检查分析，针对管控过程中出现的问题调整完善管控措施，并结合年度和专项安全风险辨识评估结果，布置月度安全风险管控重点，明确责任分工	8	查资料。未组织分析评估不得分，分析评估周期不符合要求，每缺1次扣3分，管控措施不做相应调整或月度管控重点不明确1处扣2分，责任不明确1处扣1分	
		2. 分管负责人每旬组织对分管范围内月度安全风险管控重点实施情况进行一次检查分析，检查管控措施落实情况，改进完善管控措施	8	查资料。未组织分析评估不得分，分析评估周期不符合要求，每缺1次扣3分，管控措施不做相应调整1处扣2分	
	现场检查	按照《煤矿领导带班下井及安全监督检查规定》，执行煤矿领导带班制度，跟踪重大安全风险管控措施落实情况，发现问题及时整改	6	查资料和现场。未执行领导带班制度不得分，未跟踪管控措施落实情况或发现问题未及时整改1处扣2分	
	公告警示	在井口（露天煤矿交接班室）或存在重大安全风险区域的显著位置，公告存在的重大安全风险、管控责任人和主要管控措施	4	查现场。未公示不得分，公示内容和位置不符合要求1处扣1分	

项目	项目内容	基本要求	标准分值	评分方法	得分
四、保障措施（15分）	信息管理	采用信息化管理手段，实现对安全风险记录、跟踪、统计、分析、上报等全过程的信息化管理	4	查现场。未实现信息化管理不得分，功能每缺1项扣1分	
	教育培训	1. 入井（坑）人员和地面关键岗位人员安全培训内容包括年度和专项安全风险辨识评估结果、与本岗位相关的重大安全风险管控措施	6	查资料。培训内容不符合要求1处扣1分	
		2. 每年至少组织参与安全风险辨识评估工作的人员学习1次安全风险辨识评估技术	5	查资料和现场。未组织学习不得分，现场询问相关学习人员，1人未参加学习扣1分	

得分合计：

2）项目内容中缺项时，按式（5—4）进行折算：

$$A = \frac{100}{100 - B} \times C \qquad (5—4)$$

式中：

A——实得分数；

B——缺项标准分数；

C——检查得分数。

2. 《煤矿安全生产标准化基本要求及评分方法（试行）》第 12 部分"调度和地面"

（1）工作要求（风险管控）

1）调度基础工作：

①设置负责调度工作的专门机构，岗位职责明确，人员配备满足工作需求。

②按规定建立健全调度工作管理制度。

③调度工作各项技术支撑完备。

④岗位人员具备相关技能并规范作业。

2）调度管理：

①掌握生产动态，协调落实生产计划，及时协调解决安全生产中的问题。

②出现险情或发生事故时，调度员有停止作业、撤出人员授权，按程序及时启动

事故应急预案，跟踪现场处置情况并做好记录。

③汇报及时准确，内容、范围符合程序要求。

④调度台账齐全，记录及时、准确、全面、规范。

3）调度信息化：

①装备有线调度通信系统。

②装备安全监控系统、人员位置监测系统，可实时调取相关数据。

③引导建立安全生产信息管理系统、安装图像监视系统。

4）地面设施：

①地面办公场所满足工作需要，办公设施及用品齐全，通道畅通，环境整洁。

②职工"两堂一舍"（食堂、澡堂、宿舍）设计合理、设施完备、满足需求，食堂工作人员持健康证上岗，澡堂管理规范，保障职工安全洗浴，宿舍人均面积满足需求。

③工业广场及道路符合设计规范，环境清洁。

④地面设备材料库符合设计规范，设备及材料验收、保管、发放管理规范。

5）岗位规范：

①建立并执行本岗位安全生产责任制。

②具备煤矿安全生产相关专业知识、掌握岗位相关知识。

③现场作业人员操作规范，无违章指挥、违章作业和违反劳动纪律（以下简称"三违"）行为。

6）文明生产：

①工作场所面积、设备、设施满足工作要求。

②办公环境整洁，置物有序。

（2）评分方法

1）按表5—5评分，总分为100分。按照所检查存在的问题进行扣分，各小项分数扣完为止。

表 5—5   煤矿调度和地面设施标准化评分表

项目	项目内容	基本要求	标准分值	评分方法	得分
一、调度基础工作（12分）	组织机构	1. 有调度指挥部门，岗位职责明确	2	查资料。无调度指挥部门不得分，岗位职责不明确1处扣0.5分	
		2. 每天24 h专人值守，每班工作人员满足调度工作要求	2	查现场。人员配备不足或无值守人员不得分	
	管理制度	制定并严格执行岗位安全生产责任制、调度值班制度、交接班制度、汇报制度、信息汇总分析制度、调度人员入井（坑）制度、业务学习制度、事故和突发事件信息报告与处理制度、文档管理制度等	3	查资料与现场。每缺1项制度扣1分；制度内容不全或未执行，每处扣0.5分	
	技术支撑	备有《煤矿安全规程》规定的图纸、事故报告程序图（表）、矿领导值班、带班安排与统计表、生产计划表、重点工程进度图（表）、矿井灾害预防和处理计划、事故应急救援预案等，图（表）保持最新版本	5	查资料。无矿井灾害预防和处理计划、事故应急救援预案不得分；每缺1种图（表）扣1分，图（表）未及时更新1处扣0.5分	
二、调度管理（25分）	组织协调	1. 掌握生产动态，协调落实生产作业计划，按规定处置生产中出现的各种问题，并准确记录	3	查资料。不符合要求1处扣0.5分	
		2. 按规定及时上报安全生产信息，下达安全生产指令并跟踪落实、做好记录。			
	应急处置	出现险情或发生事故时，及时下达撤人指令、报告事故信息，按程序启动事故应急预案，跟踪现场处置情况并做好记录	2	查资料。未授权调度员遇险情下达撤人调度指令、发现1次没有在出现险情下达撤人指令或未按程序启动事故应急预案或未及时跟踪现场处置情况不得分，记录不规范1处扣0.5分	
	深入现场	按规定深入现场，了解安全生产情况	2	查资料。每缺1人次深入现场扣1分	
	调度记录	1. 值班记录整洁、清晰、完整、无涂改	4	查现场。不符合要求1处扣0.5分	
		2. 有调度值班、交接班及安全生产情况统计等台账（记录）	2	查资料。无台账（记录）的不得分；台账（记录）内容不完整、数据不准确1处扣0.5分	
		3. 有产、运、销、存的统计台账（运、销、存企业集中管理的除外），内容齐全、记录规范	2	查资料。无台账（记录）的不得分；台账（记录）内容不完整、数据不准确1处扣0.5分	

项目	项目内容	基本要求	标准分值	评分方法	得分
二、调度管理（25分）	调度汇报	1. 每班调度汇总有关安全生产信息	2	查资料。抽查1个月相关记录。缺少或内容不全，每1处扣0.5分	
		2. 按规定上报调度安全生产信息日报表、旬（周）、月调度安全生产信息统计表、矿领导值班带班情况统计表	6	查资料。不符合要求1处扣1分	
	雨季"三防"	组织落实雨季"三防（防雷、电，防洪涝，防排水不畅）"相关工作，并做好记录	2	查资料和现场。1处不符合要求不得分	
三、调度信息化（27分）	通信装备	1. 装备调度通信系统，与主要硐室、生产场所（露天矿为无线通信系统）、应急救援单位、医院（井口保健站、急救站）、应急物资仓库及上级部门实现有线直拨	4	查现场和资料。不符合要求1处扣0.5分	
		2. 有线调度通信系统有选呼、急呼、全呼、强插、强拆、录音等功能。调度工作台电话录音保存时间不少于3个月	4	查现场和资料。不符合要求1处扣0.5分	
		3. 按《煤矿安全规程》规定装备与重要工作场所直通的有线调度电话	4	查现场和资料。不符合要求1处扣0.5分	
	监控系统	1. 跟踪安全监控系统有关参数变化情况，掌握矿井安全生产状态	2	查现场和资料。不符合要求1处扣0.5分	
		2. 及时核实、处置系统预（报）警情况并做好记录	4	查现场和资料。有1项预（报）警未处置扣0.5分	
	人员位置监测	装备井下人员位置监测系统，准确显示井下总人数、人员时空分布情况，具有数据存储查询功能。矿调度室值班员监视人员位置等信息，填写运行日志	4	查现场和资料。无系统或运行不正常、无数据存储查询功能不得分，数据不准确1处扣0.5分，未正常填写运行日志1次扣0.5分	
	图像监视	矿调度室设置图像监视系统的终端显示装置，并实现信息的存储和查询	2	查现场和资料。调度室无显示装置扣1分，显示装置运行不正常、存储或查询功能不全1处扣0.5分	
	信息管理系统	采用信息化手段对调度报表、生产安全事故统计表等数据进行处理，实现对煤矿安全生产信息跟踪、管理、预警、存储和传输功能	3	查现场和资料。无管理信息系统或系统功能不全、运行不正常不得分；其他1处不符合要求扣0.5分	
四、岗位规范（4分）	专业技能	1. 具备煤矿安全生产相关专业知识、掌握岗位相关知识； 2. 人员经培训合格	2	查资料和现场。不符合要求1处扣0.5分	
	规范作业	1. 严格执行岗位安全生产责任制； 2. 无"三违"行为	2	查现场。发现"三违"不得分，不执行岗位责任制1人次扣0.5分	

续表

项目	项目内容	基本要求	标准分值	评分方法	得分
五、文明生产（2分）	文明办公	1. 设备、设施安装符合规定 2. 图纸、资料、文件、牌板及工作场所清洁整齐、置物有序	2	查现场和资料。不符合要求1处扣0.5分	
六、地面办公场所（2分）	办公室	办公室配置满足工作需要，办公设施齐全、完好	1	查现场。不符合要求1处扣0.5分	
	会议室	配置有会议室，设施齐全、完好	1	查现场。不符合要求1处扣0.5分	
七、两堂一舍（20分）	职工食堂	1. 基础设施齐全、完好，满足高峰和特殊时段职工就餐需要； 2. 符合卫生标准要求，工作人员按要求持健康证上岗	5	查资料和现场。基础设施不齐全扣1分，不符合卫生标准扣3分，未持证上岗的1人扣1分，不能满足就餐需求不得分	
	职工澡堂	1. 职工澡堂设计合理，满足职工洗浴要求； 2. 设有更衣室、浴室、厕所和值班室，设施齐全完好，有防滑、防寒、防烫等安全防护设施	8	查记录和现场。不能满足职工洗浴要求或脏乱的不得分，基础设施不全每缺1处扣1分，安全防护设施每缺1处扣1分	
	职工宿舍及洗衣房	1. 职工宿舍布局合理，人均面积不少于5 m²； 2. 室内整洁，设施齐全、完好，物品摆放有序； 3. 洗衣房设施齐全（洗、烘、熨），洗衣房、卫生间符合《工业企业设计卫生标准》的要求	7	查记录和现场。职工宿舍不能满足人均面积5m²及以上、室内脏乱的不得分，其他不符合要求1处扣1分	
八、工业广场（6分）	工业广场	1. 工业广场设计符合规定要求，布局合理，工作区与生活区分区设置； 2. 物料分类码放整齐； 3. 煤仓及储煤场储煤能力满足煤矿生产能力要求； 4. 停车场规划合理、划线分区，车辆按规定停放整齐，照明符合要求	2	查资料和现场。不符合要求1处扣0.5分	
	工业道路	工业道路应符合《厂矿道路设计规范》的要求，道路布局合理，实施硬化处理	2	查现场。不符合要求1处扣0.5分	

项目	项目内容	基本要求	标准分值	评分方法	得分
八、工业广场（6分）	环境卫生	1. 依条件实施绿化； 2. 厕所规模和数量适当、位置合理，设施完好有效，符合相应的卫生标准； 3. 每天对储煤场、场内运煤道路进行整理、清洁，洒水降尘	2	查现场。不符合要求1处扣0.5分	
九、地面设备材料库（2分）	设备库房	1. 仓储配套设备设施齐全、完好； 2. 不同性能的材料分区或专库存放并采取相应的防护措施； 3. 货架布局合理，实行定置管理	2	查资料和现场。不符合要求1处扣0.5分	
得分合计：					

2）项目内容中有缺项时，按式（5—5）进行折算：

$$A = \frac{100}{100-B} \times C \qquad (5-5)$$

式中：

A——实得分数；

B——缺项标准分数；

C——检查得分数。

三、 施工企业安全生产评价评分标准

根据《建筑施工安全生产标准化考评暂行办法》（建质〔2014〕111号），建筑施工企业应当成立企业安全生产标准化自评机构，每年主要依据《施工企业安全生产评价标准》开展企业安全生产标准化自评工作。根据 JGJ/T 77—2010《施工企业安全生产评价标准》，施工企业是指从事土木工程、建筑工程、线路管道和设备安装工程、装修工程的企业。

1. 评价内容

施工企业安全生产条件应按安全生产管理、安全技术管理、设备和设施管理、企业市场行为和施工现场安全管理等5项内容进行考核。每项考核内容应以评分表的形式和量化的方式，根据其评定项目的量化评分标准及其重要程度进行评定。

（1）安全生产管理评价。安全生产管理评价应为对企业安全管理制度建立和落实情况的考核，其内容应包括安全生产责任制度、安全文明资金保障制度、安全教育培训制度、安全检查及隐患排查制度、生产安全事故报告处理制度、安全生产应急救援制度 6 个评定项目，具体应按表 5—6 中的内容实施考核评价。

表 5—6　　　　　　　　　　　　安全生产管理评分表

序号	评定项目	评分标准	评分方法	应得分	扣减分	实得分
1	安全生产责任制度	企业未建立安全生产责任制度，扣 20 分，各部门、各级（岗位）安全生产责任制度不健全，扣 10～15 分； 企业未建立安全生产责任制考核制度，扣 10 分，各部门、各级对各自安全生产责任制未执行，每起扣 2 分； 企业未按考核制度组织检查并考核的，扣 10 分，考核不全面扣 5～10 分； 企业未建立、完善安全生产管理目标，扣 10 分，未对管理目标实施考核的，扣 5～10 分； 企业未建立安全生产考核、奖惩制度扣 10 分，未实施考核和奖惩的，扣 5～10 分	查企业有关制度文本；抽查企业各部门、所属单位有关责任人对安全生产责任制的知晓情况，查确认记录，查企业考核记录。查企业文件，查企业对下属单位各级管理目标设置及考核情况记录；查企业安全生产奖惩制度文本和考核、奖惩记录	20		
2	安全文明资金保障制度	企业未建立安全生产、文明施工资金保障制度扣 20 分； 制度无针对性和具体措施的，扣 10～15 分； 未按规定对安全生产、文明施工措施费的落实情况进行考核，扣 10～15 分	查企业制度文本、财务资金预算及使用记录	20		
3	安全教育培训制度	企业未按规定建立安全培训教育制度，扣 15 分； 制度未明确企业主要负责人，项目经理，安全专职人员及其他管理人员，特种作业人员，待岗、转岗、换岗职工，新进单位从业人员安全培训教育要求的，扣 5～10 分； 企业未编制年度安全培训教育计划，扣 5～10 分，企业未按年度计划实施的，扣 5～10 分	查企业制度文本、企业培训计划文本和教育的实施记录、企业年度培训教育记录和管理人员的相关证书	15		

序号	评定项目	评分标准	评分方法	应得分	扣减分	实得分
4	安全检查及隐患排查制	企业未建立安全检查及隐患排查制度，扣15分，制度不全面、不完善的，扣5～10分； 未按规定组织检查的，扣15分，检查不全面、不及时的扣5～10分； 对检查出的隐患未采取定人、定时、定措施进行整改的，每起扣3分，无整改复查记录的，每起扣3分； 对多发或重大隐患未排查或未采取有效治理措施的，扣3～15分	查企业制度文本、企业检查记录、企业对隐患整改消项、处置情况记录、隐患排查统计表	15		
5	生产安全事故报告处理制度	企业未建立生产安全事故报告处理制度，扣15分； 未按规定及时上报事故的，每起扣15分； 未建立事故档案的扣5分； 未按规定实施对事故的处理及落实"四不放过"原则的，扣10～15分	查企业制度文本；查企业事故上报及结案情况记录	15		
6	安全生产应急救援制度	未制定事故应急救援预案制度的，扣15分，事故应急救援预案无针对性的，扣5～10分； 未按规定制定演练制度并实施的，扣5分； 未按预案建立应急救援组织或落实救援人员和救援物资的，扣5分	查企业应急预案的编制、应急队伍建立情况以相关演练记录、物资配备情况	15		
		分项评价		100		

评分员： 年 月 日

1）施工企业安全生产责任制度的考核评价应符合下列要求：

①未建立以企业法人为核心分级负责的各部门及各类人员的安全生产责任制，则该评定项目不应得分。

②未建立各部门、各级人员安全生产责任落实情况考核的制度及未对落实情况进行检查的，则该评定项目不应得分。

③未实行安全生产的目标管理、制定年度安全生产目标计划、落实责任和责任人及未落实考核的，则该评定项目不应得分。

④对责任制和目标管理等的内容和实施，应根据具体情况评定折减分数。

安全生产责任是搞好安全工作的最基本保证，没有责任就无法实施保障安全生产的法律、法规，就会造成违章冒险作业，伤亡事故自然无法控制。在《安全生产法》

《建筑法》《安全生产许可证条例》《建设工程安全生产管理条例》等法律、法规中，都有关于建立安全管理责任制度的严格要求。

2）施工企业安全文明资金保障制度的考核评价应符合下列要求：

①制度未建立且每年未对与本企业施工规模相适应的资金进行预算和决算，未专款专用，则该评定项目不应得分。

②未明确安全生产、文明施工资金使用、监督及考核的责任部门或责任人，应根据具体情况评定折减分数。

3）施工企业安全教育培训制度的考核评价应符合下列要求：

①未建立制度且每年未组织对企业主要负责人、项目经理、安全专职人员及其他管理人员的继续教育的，则该评定项目不应得分。

②企业年度安全教育计划的编制，职工培训教育的档案管理，各类人员的安全教育，应根据具体情况评定折减分数。

4）施工企业安全检查及隐患排查制度的考核评价应符合下列要求：

①未建立制度且未对所属的施工现场、后方场站、基地等组织定期和不定期安全检查的，则该评定项目不应得分。

②隐患的整改、排查及治理，应根据具体情况评定折减分数。

5）施工企业生产安全事故报告处理制度的考核评价应符合下列要求：

①未建立制度且未及时、如实上报施工生产中发生伤亡事故的，则该评定项目不应得分。

②对已发生的和未遂事故，未按照"四不放过"原则进行处理的，则该评定项目不应得分。

③未建立生产安全事故发生及处理情况事故档案的，则该评定项目不应得分。

6）施工企业安全生产应急救援制度的考核评价应符合下列要求：

①未建立制度且未按照本企业经营范围，并结合本企业的施工特点，制定易发、多发事故部位、工序、分部、分项工程的应急救援预案，未对各项应急预案组织实施演练的，则该评定项目不应得分。

②应急救援预案的组织、机构、人员和物资的落实，应根据具体情况评定折减分数。

（2）安全技术管理评价。安全技术管理评价应为对企业安全技术管理工作的考核，其内容应包括法规、标准和操作规程配置，施工组织设计，专项施工方案（措施），安全技术交底，危险源控制 5 个评定项目，具体应按表 5—7 中的内容实施考核评价。

表 5—7 安全技术管理评分表

序号	评定项目	评分标准	评分方法	应得分	扣减分	实得分
1	法规标准和操作规程配置	企业未配备与生产经营内容相适应的现行有关安全生产方面的法律、法规、标准、规范和规程的，扣 10 分，配备不齐全，扣 3～10 分； 企业未配备各工种安全技术操作规程，扣 10 分，配备不齐全的，缺一个工种扣 1 分； 企业未组织学习和贯彻实施安全生产方面的法律、法规、标准、规范和规程，扣 3～5 分	查企业有关制度文本；抽查企业现有的法律、法规、标准、操作规程的文本及贯彻实施记录	10		
2	施工组织设计	企业无施工组织设计编制、审核、批准制度的，扣 15 分； 施工组织设计中未明确安全技术措施的扣 10 分； 未按程序进行审核、批准的，每起扣 3 分	查企业技术管理制度，抽查企业备份的施工组织设计	15		
3	专项施工方案（措施）	未建立对危险性较大的分部、分项工程编写、审核、批准专项施工方案制度的，扣 25 分； 未实施或按程序审核、批准的，每起扣 3 分； 未按规定明确本单位需进行专家论证的危险性较大的分部、分项工程名录（清单）的，每起扣 3 分	查企业相关规定、实施记录和专项施工方案备份资料	25		
4	安全技术交底	企业未制定安全技术交底规定的，扣 25 分； 未有效落实各级安全技术交底，扣 5～10 分； 交底无书面记录，未履行签字手续，每起扣 1～3 分	查企业相关规定、企业实施记录	25		
5	危险源控制	企业未建立危险源监管制度，扣 25 分； 制度不齐全、不完善的，扣 5～10 分； 未根据生产经营特点明确危险源的，扣 5～10 分； 未针对识别评价出的重大危险源制定管理方案或相应措施，扣 5～10 分； 企业未建立危险源公示、告知制度的，扣 8～10 分	查企业规定及相关记录	25		
分项评价				100		

评分员： 年 月 日

1）施工企业法规、标准和操作规程配置及实施情况的考核评价应符合下列要求：

①未配置与企业生产经营内容相适应的、现行的有关安全生产方面的法规、标准，以及各工种安全技术操作规程，并未及时组织学习和贯彻的，则该评定项目不应得分。

②配置不齐全，应根据具体情况评定折减分数。

2）施工企业施工组织设计编制和实施情况的考核评价应符合下列要求：

①未建立施工组织设计编制、审核、批准制度的，则该评定项目不应得分。

②安全技术措施的针对性及审核、审批程序的实施情况等，应根据具体情况评定折减分数。

3）施工企业专项施工方案（措施）编制和实施情况的考核评价应符合下列要求：

①未建立对危险性较大的分部、分项工程专项施工方案编制、审核、批准制度的，则该评定项目不应得分。

②制度的执行，应根据具体情况评定折减分数。

4）施工企业安全技术交底制定和实施情况的考核评价应符合下列要求：

①未制定安全技术交底规定的，则该评定项目不应得分。

②安全技术交底资料的内容、编制方法及交底程序的执行，应根据具体情况评定折减分数。

5）施工企业危险源控制制度的建立和实施情况的考核评价应符合下列要求：

①未根据本企业的施工特点，建立危险源监管制度的，则该评定项目不应得分。

②危险源公示、告知及相应的应急预案编制和实施，应根据具体情况评定折减分数。

（3）设备和设施管理评价。设备和设施管理评价应为对企业设备和设施安全管理工作的考核，其内容应包括设备安全管理、设施和防护用品、安全标志、安全检查测试工具4个评定项目，具体应按表5—8中的内容实施考核评价。

表 5—8　　　　　　　　　　　　设备和设施管理评分表

序号	评定项目	评分标准	评分方法	应得分	扣减分	实得分
1	设备安全管理	未制定设备（包括应急救援器材）采购、租赁、安装（拆除）、验收、检测、使用、检查、保养、维修、改造和报废制度，扣30分； 制度不齐全、不完善的，扣10～15分； 设备的相关证书不齐全或未建立台账的，扣3～5分； 未按规定建立技术档案或档案资料不齐全的，每起扣2分； 未配备设备管理的专（兼）职人员的，扣10分	查企业设备安全管理制度，查企业设备清单和管理档案	30		
2	设施和防护用品	未制定安全物资供应单位及施工人员个人安全防护用品管理制度的，扣30分； 未按制度执行的，每起扣2分； 未建立施工现场临时设施（包括临时建、构筑物、活动板房）的采购、租赁、搭设与拆除、验收、检查、使用的相关管理规定的，扣30分； 未按管理规定实施或实施有缺陷的，每项扣2分	查企业相关规定及实施记录	30		
3	安全标志	未制定施工现场安全警示、警告标识、标志使用管理规定的，扣20分； 未定期检查实施情况的，每项扣5分	查企业相关规定及实施记录	20		
4	安全检查测试工具	企业未制定施工场所安全检查、检验仪器、工具配备制度的，扣20分； 企业未建立安全检查、检验仪器、工具配备清单的，扣5～15分	查企业相关记录	20		
分项评价				100		

评分员：　　　　　　　　　　　　　　　　　　　　　　　　　年　　月　　日

1）施工企业设备安全管理制度的建立和实施情况的考核评价应符合下列要求：

①未建立机械、设备（包括应急救援器材）采购、租赁、安装、拆除、验收、检测、使用、检查、保养、维修、改造和报废制度的，则该评定项目不应得分。

②设备的管理台账、技术档案、人员配备及制度落实，应根据具体情况评定折减

分数。

2）施工企业设施和防护用品制度的建立及实施情况的考核评价应符合下列要求：

①未建立安全设施及个人劳保用品的发放、使用管理制度的，则该评定项目不应得分。

②安全设施及个人劳保用品管理的实施及监管，应根据具体情况评定折减分数。

3）施工企业安全标志管理规定的制定和实施情况的考核评价应符合下列要求：

①未制定施工现场安全警示、警告标识、标志使用管理规定的，则该评定项目不应得分。

②管理规定的实施、监督和指导，应根据具体情况评定折减分数。

4）施工企业安全检查测试工具配备制度的建立和实施情况的考核评价应符合下列要求：

①未建立安全检查检验仪器、仪表及工具配备制度的，则该评定项目不应得分。

②配备及使用，应根据具体情况评定折减分数。

（4）企业市场行为评价。企业市场行为评价应为对企业安全管理市场行为的考核，其内容包括安全生产许可证、安全生产文明施工、安全质量标准化达标、资质机构与人员管理制度 4 个评定项目，具体应按表 5—9 中的内容实施考核评价。

表 5—9 企业市场行为评分表

序号	评定项目	评分标准	评分方法	应得分	扣减分	实得分
1	安全生产许可证	企业未取得安全生产许可证而承接施工任务的，扣 20 分； 企业在安全生产许可证暂扣期间继续承接施工任务的，扣 20 分； 企业资质与承发包生产经营行为不相符，扣 20 分； 企业主要负责人、项目负责人、专职安全管理人员持有的安全生产合格证书不符合规定要求的，每起各扣 10 分	查安全生产许可证及各类人员相关证书	20		

序号	评定项目	评分标准	评分方法	应得分	扣减分	实得分
2	安全生产文明施工	企业资质受到降级处罚，扣30分； 企业受到暂扣安全生产许可证的处罚，每起扣5～30分； 企业受当地建设行政主管部门通报处分，每起扣5分； 企业受当地建设行政主管部门经济处罚，每起扣5～10分； 企业受到省级及以上通报批评每次扣10分，受到地市级通报批评每次扣5分	查各级行政主管部门管理信息资料，各类有效证明材料	30		
3	安全质量标准化达标	安全质量标准化达标优良率低于规定的，每5%扣10分； 安全质量标准化年度达标合格率低于规定要求的，扣20分	查企业相应管理资料	20		
4	资质、机构与人员管理	企业未建立安全生产管理组织体系（包括机构和人员等）、人员资格管理制度的，扣30分； 企业未按规定设置专职安全管理机构的，扣30分，未按规定配足安全生产专管人员的，扣30分； 实行总、分包的企业未制定对分包单位资质和人员资格管理制度的，扣30分，未按制度执行的，扣30分	查企业制度文本和机构、人员配备证明文件，查人员资格管理记录及相关证件，查总、分包单位的管理资料	30		
	分项评价			100		

评分员：　　　　　　　　　　　　　　　　　　　年　　月　　日

1）施工企业安全生产许可证许可状况的考核评价应符合下列要求：

①未取得安全生产许可证而承接施工任务的、在安全生产许可证暂扣期间承接工程的、企业承发包工程项目的规模和施工范围与本企业资质不相符的，则该评定项目不应得分。

②企业主要负责人、项目负责人和专职安全管理人员的配备和考核，应根据具体情况评定折减分数。

2）施工企业安全生产文明施工动态管理行为的考核评价应符合下列要求：

①企业资质因安全生产、文明施工受到降级处罚的，则该评定项目不应得分。

②其他不良行为，视其影响程度、处理结果等，应根据具体情况评定折减分数。

3）施工企业安全质量标准化达标情况的考核评价应符合下列要求：

①本企业所属的施工现场安全质量标准化年度达标合格率低于国家或地方规定的，则该评定项目不应得分。

②安全质量标准化年度达标优良率低于国家或地方规定的，应根据具体情况评定折减分数。

4）施工企业资质、机构与人员管理制度的建立和人员配备情况的考核评价应符合下列要求：

①未建立安全生产管理组织体系、未制定人员资格管理制度、未按规定设置专职安全管理机构、未配备足够的安全生产专管人员的，则该评定项目不应得分。

②实行分包的，总承包单位未制定对分包单位资质和人员资格管理制度并监督落实的，则该评定项目不应得分。

（5）施工现场安全管理评价。施工现场安全管理评价应为对企业所属施工现场安全状况的考核，其内容应包括施工现场安全达标、安全文明资金保障、资质和资格管理、生产安全事故控制、设备设施工艺选用、保险6个评定项目，具体应按表5—10中的内容实施考核评价。

表 5—10　　　　　　　　　　施工现场安全管理评分表

序号	评定项目	评分标准	评分方法	应得分	扣减分	实得分
1	施工现场安全达标	按《建筑施工安全检查标准》JGJ 59 及相关现行标准规范进行检查不合格的，每 1 个工地扣 30 分	查现场及相关记录	30		
2	安全文明资金保障	未按规定落实安全防护、文明施工措施费，发现一个工地扣 15 分	查现场及相关记录	15		

续表

序号	评定项目	评分标准	评分方法	应得分	扣减分	实得分
3	资质和资格管理	未制定对分包单位安全生产许可证、资质、资格管理及施工现场控制的要求和规定，扣15分，管理记录不全扣5~15分； 　合同未明确参建各方安全责任，扣15分； 　分包单位承接的项目不符合相应的安全资质管理要求，或作业人员不符合相应的安全资格管理要求扣15分； 　未按规定配备项目经理、专职或兼职安全生产管理人员（包括分包单位），扣15分	查对管理记录、证书，抽查合同及相应管理资料	15		
4	生产安全事故控制	对多发或重大隐患未排查或未采取有效措施的，扣3~15分； 　未制定事故应急救援预案的，扣15分，事故应急救援预案无针对性的，扣5~10分； 　未按规定实施演练的，扣5分； 　未按预案建立应急救援组织或落实救援人员和救援物资的，扣5~15分	查检查记录及隐患排查统计表，应急预案的编制及应急队伍建立情况以及相关演练记录、物资配备情况	15		
5	设备设施工艺选用	现场使用国家明令淘汰的设备或工艺的，扣15分； 　现场使用不符合标准的且存在严重安全隐患的设施，扣15分； 　现场使用的机械、设备、设施、工艺超过使用年限或存在严重隐患的，扣15分； 　现场使用不合格的钢管、扣件，每起扣1~2分； 　现场安全警示、警告标志使用不符合标准的扣5~10分； 　现场职业危害防治措施没有针对性扣1~5分	查现场及相关记录	15		
6	保险	未按规定办理意外伤害保险的，扣10分； 　意外伤害保险办理率不足100%，每低2%扣1分	查现场及相关记录	10		
		分项评价		100		

评分员：　　　　　　　　　　　　　　　　　　　　　　年　　月　　日

　　1）施工现场安全达标考核，企业应对所属的施工现场按现行规范标准进行检查，有一个工地未达到合格标准的，则该评定项目不应得分。

2）施工现场安全文明资金保障，应对企业按规定落实其所属施工现场安全生产、文明施工资金的情况进行考核，有一个施工现场未将施工现场安全生产、文明施工所需资金编制计划并实施、未做到专款专用的，则该评定项目不应得分。

3）施工现场分包资质和资格管理规定的制定以及施工现场控制情况的考核评价应符合下列要求：

①未制定对分包单位安全生产许可证、资质、资格管理及施工现场控制的要求和规定，且在总包与分包合同中未明确参建各方的安全生产责任，分包单位承接的施工任务不符合其所具有的安全资质，作业人员不符合相应的安全资格，未按规定配备项目经理、专职或兼职安全生产管理人员的，则该评定项目不应得分。

②对分包单位的监督管理，应根据具体情况评定折减分数。

4）施工现场生产安全事故控制的隐患防治、应急预案的编制和实施情况的考核评价应符合下列要求：

①未针对施工现场实际情况制定事故应急救援预案的，则该评定项目不应得分。

②对现场常见、多发或重大隐患的排查及防治措施的实施，应急救援组织和救援物资的落实，应根据具体情况评定折减分数。

5）施工现场设备、设施、工艺管理的考核评价应符合下列要求：

①使用国家明令淘汰的设备或工艺，则该评定项目不应得分。

②使用不符合国家现行标准的且存在严重安全隐患的设施，则该评定项目不应得分。

③使用超过使用年限或存在严重隐患的机械、设备、设施、工艺的，则该评定项目不应得分。

④对其余机械、设备、设施以及安全标识的使用情况，应根据具体情况评定折减分数。

⑤对职业病的防治，应根据具体情况评定折减分数。

6）施工现场保险办理情况的考核评价应符合下列要求：

①未按规定办理意外伤害保险的，则该评定项目不应得分。

②意外伤害保险的办理实施，应根据具体情况评定折减分数。

2. 评价方法

（1）施工企业每年度应至少进行一次自我考核评价。发生下列情况之一时，企业应再进行复核评价：

1）适用法律、法规发生变化时。

2）企业组织机构和体制发生重大变化后。

3）发生生产安全事故后。

4）其他影响安全生产管理的重大变化。

（2）施工企业考核自评应由企业负责人组织，各相关管理部门均应参与。

（3）评价人员应具备企业安全管理及相关专业能力，每次评价不应少于 3 人。

（4）对施工企业安全生产条件的量化评价应符合下列要求：

1）当施工企业无施工现场时，应采用表 5—6 至表 5—9 进行评价。

2）当施工企业有施工现场时，应采用表 5—6 至表 5—10 进行评价。

3）施工企业的安全生产情况应依据自评价之月起前 12 个月以来的情况，施工现场应依据自开工日起至评价时的安全管理情况；施工现场评价结论，应取抽查及核验的施工现场评价结果的平均值，且其中不得有一个施工现场评价结果为不合格。

（5）抽查及核验企业在建施工现场，应符合下列要求：

1）抽查在建工程实体数量，对特级资质企业不应少于 8 个施工现场；对一级资质企业不应少于 5 个施工现场；对一级资质以下企业不应小于 3 个施工现场；企业在建工程实体少于上述规定数量的，则应全数检查。

2）核验企业所属其他在建施工现场安全管理状况，核验总数不应少于企业在建工程项目总数的 50％。

（6）抽查发生因工死亡事故的企业在建施工现场，应按事故等级或情节轻重程度，在上述规定的基础上分别增加 2～4 个在建工程项目；应增加核验企业在建工程项目总数的 10％～30％。

（7）对评价时无在建工程项目的企业，应在企业有在建工程项目时，再次进行跟踪评价。

（8）安全生产条件和能力评分应符合下列要求：

1）施工企业安全生产评价应按评定项目、评分标准和评分方法进行，并应符合表 5—4 的规定，满分分值均应为 100 分。

2）在评价施工企业安全生产条件能力时，应采用加权法计算，权重系数应符合表 5—11 的规定，并应按表 5—12 进行评价。

表 5—11 权 重 系 数

评价内容			权重系数
无施工项目	①	安全生产管理	0.3
	②	安全技术管理	0.2
	③	设备和设施管理	0.2
	④	企业市场行为	0.3
有施工项目	①②③④加权值		0.6
	⑤	施工现场安全管理	0.4

表 5—12 施工企业安全生产评价汇总表

评价类型：□市场准入 □发生事故 □不良业绩 □资质评价 □日常管理 □年终评价 □其他

企业名称：_____经济类型：_____

资质等级：_____上年度施工产值：_____在册人数：_____

评价内容			评价结果				
			零分项（个）	应得分数（分）	实得分数（分）	权重系数	加权分数（分）
无施工项目	表 5—6	安全生产管理				0.3	
	表 5—7	安全技术管理				0.2	
	表 5—8	设备和设施管理				0.2	
	表 5—9	企业市场行为				0.3	
	汇总分数①＝表 5—6～表 5—9 加权值					0.6	
有施工项目	表 5—10	施工现场安全管理				0.4	
	汇总分数②＝汇总分数①× 0.6＋表 5—10×0.4						

评价意见：

评价负责人（签名）		评价人员（签名）	
企业负责人（签名）		企业签章	年 月 日

（9）各评分表的评分应符合下列要求：

1）评分表的实得分数应为各评定项目实得分数之和。

2）评分表中的各个评定项目应采用扣减分数的方法，扣减分数总和不得超过该项目的应得分数。

3）项目遇有缺项的，其评分的实得分应为可评分项目的实得分之和与可评分项目的应得分之和比值的百分数。

3. 评价等级

（1）施工企业安全生产考核评定应分为合格、基本合格、不合格 3 个等级，并宜符合下列要求：

1）对有在建工程的企业，安全生产考核评定宜分为合格、不合格 2 个等级。

2）对无在建工程的企业，安全生产考核评定宜分为基本合格、不合格 2 个等级。

（2）考核评价等级划分应按表 5—13 核定。

表 5—13　　　　　　　　　　施工企业安全生产考核评价等级划分

考核评价等级	考核内容		
	各项评分表中的实得分为零的项目数（个）	各项评分表实得分数（分）	汇总分数（分）
合格	0	≥70 且其中不得有一个施工现场评定结果为不合格	≥75
基本合格	0	≥70	≥75
不合格	出现不满足基本合格条件的任意一项时		